Product Model
Design and Making

icve 智慧职教

产品艺术设计专业
新形态一体化教材

# 产品模型
# 设计与制作

李 程 曹一华 主 编

中国教育出版传媒集团

高等教育出版社·北京

"智慧职教"是由高等教育出版社建设和运营的职业教育数字教学资源共建共享平台和在线课程教学服务平台，包括职业教育数字化学习中心平台（www.icve.com.cn）、职教云平台（zjy2.icve.com.cn）和云课堂智慧职教App。用户在以下任一平台注册账号，均可登录并使用各个平台。

● 职业教育数字化学习中心平台（www.icve.com.cn）：为学习者提供本教材配套课程及资源的浏览服务。

登录中心平台，在首页搜索框中搜索"产品模型设计与制作初步"，找到对应作者主持的课程，加入课程参加学习，即可浏览课程资源。

● 职教云（zjy2.icve.com.cn）：帮助任课教师对本教材配套课程进行引用、修改，再发布为个性化课程（SPOC）。

1. 登录职教云，在首页单击"申请教材配套课程服务"按钮，在弹出的申请页面填写相关真实信息，申请开通教材配套课程的调用权限。

2. 开通权限后，单击"新增课程"按钮，根据提示设置要构建的个性化课程的基本信息。

3. 进入个性化课程编辑页面，在"课程设计"中"导入"教材配套课程，并根据教学需要进行修改，再发布为个性化课程。

● 云课堂智慧职教App：帮助任课教师和学生基于新构建的个性化课程开展线上线下混合式、智能化教与学。

1. 在安卓或苹果应用市场，搜索"云课堂智慧职教"App，下载安装。

2. 登录App，任课教师指导学生加入个性化课程，并利用App提供的各类功能，开展课前、课中、课后的教学互动，构建智慧课堂。

"智慧职教"使用帮助及常见问题解答请访问help.icve.com.cn。

# 前　言

　　本书以工业设计师职业岗位对模型制作需求实际为出发点，以任务为驱动，通过8个案例解析产品模型设计与制作的方法。

　　全书将职场中工业设计师需要的模型制作专业知识和职业技能进行分解，分化到8个设计案例中，以任务制作案例作为驱动，从浅入深、从表及里，反复巩固、加强、深入，直到学习者掌握所需要学习的所有知识与方法，在模型制作案例中掌握产品模型设计与制作的流程与方法，学会相关技能和设备的使用。这种学习方法符合学习认知规律，能够让学习者将主要关注点放在掌握产品模型设计与制作的实务能力上，同时激发学习者掌握制作技能的兴趣。

　　在每一个任务讲述时，均先提出该任务的介绍及学习目标，结合案例说明典型工作流程，再详细进行模型制作案例的解析。在案例讲解结束后给出考核与评分标准，通过学习效果自测检查理论掌握情况，通过模型制作评分标准检测制作技能掌握程度。作为国家职业教育艺术设计（工业设计）专业教学资源库《产品模型设计与制作》课程配套教材，本书8个案例均配有详细的教学讲义、PPT课件和视频教程，形成全方位的学习资源。读者还可以通过登录智慧职教网站浏览国家职业教育艺术设计（工业设计）专业教学资源库学习更多有关产品设计模型制作案例。

　　本书由苏州工艺美术职业技术学院李程、曹一华主编，苏州工艺美术职业技术学院衡小东、项宏参与编写。其中李程负责导论、手板模型设计与制作篇、附录编写，手工模型设计与制作篇任务5资料整理改写；曹一华负责手工模型设计与制作篇任务1、任务2编写，项宏负责任务3编写，衡小东负责任务4编写，上海工艺美术职业学院提供手工模型设计与制作篇任务 5 文字图片素材，李程负责全书的统稿工作。

　　本书的编写得到了江苏省高校"青蓝工程"项目资助，系第二批国家级职业教育教师教学创新团队重点课题研究项目"新时代职业院校文化创意专业群领域团队教师教育教学改革创新与实践"（课题编号：ZH2021080301）、江苏省高等教育教改研究重点课题项目"艺术设计类高等职业教育本科专业教学标准制定研究"（课题编号：2021JSJG585）、江苏高校哲学社会科学研究项目"高职院校艺术设计高水平专业群建设的理论与实践研究"（项目批准号：2020SJA1462）的阶段性研究成果。感谢苏州大千模型制作科技有限公司总经理张志平、苏州力智伟业模型制造有限公司总经理廖水德、苏州荣创模型制作有限公司总经理廖志华为本书案例制作提供拍摄场地与技术支持。感谢李苏南、王彬、王首栋、黎艳、刘颖、王盼佳、谭思琦、陈嘉宜、王佳馨同学所做的案例摄影摄像、后期制作与文本整理工作。感谢苏州工艺美术职业技术学院平国安老师、上海工艺美术职业学院王华杰老师对本书编写的鼓励与支持。

　　由于时间仓促和水平有限，书中错漏和不当之处在所难免，恳请有关专家和使用本书的读者批评指正。

李　程

2022.07

# 目 录

# 二维码资源目录

产品模型制作是产品设计学习中的重要环节，掌握模型设计与制作能力将能有效地完成产品设计工作，完整地表达设计理念。本章将从产品模型的定义、作用、分类等方面讲解产品模型设计与制作的基本情况，并阐述本书的编写思路和学习方法。

视频：

产品模型设计与
制作学习导论

# 一、产品模型定义

　　产品模型是根据产品设计的不同阶段，按照构思创意或者设计图样对产品的形态、结构、功能及其他产品特征进行设计表达而形成的实体或者虚拟模型。产品模型也称产品原型，原本表述产品初始阶段的三维呈现形式与状态，现在逐步推广到描述非物质化的产品、服务或系统，如手机App软件设计原型、机械结构连接功能原型、城市环境污水处理系统原型等。本书所提到的产品模型，主要是指实体化产品的三维形态、结构、功能及其他产品特征模型（图0-1）。产品模型是产品设计流程中的重要环节，通过产品模型使产品设计突破二维平面表现手段的局限性，以三维空间实体方式，形象地表达出设计的物体。

图 0-1　产品模型图例

## 二、产品模型作用

产品模型制作是产品设计学习中的重要环节，通过模型制作，能够使设计师获得空间造型知识，用空间形态方式表达设计构思，并把设计创意更好地付诸实践。产品设计从业者学习模型制作的作用主要有三个方面：

### （一）实现设计方案的立体表达

模型制作是产品设计最恰当的创意表达方式。制作模型的目的是设计师能够通过使用各种模型材料，将脑海中的构思与意图、纸面上的设计草图、电脑中的设计效果图转化为具有三维空间的造型，从而实现用三维形体的实物来表达设计构想（图0-2）。产品设计不能停留在纸面设计或者电脑上的效果图，而是要通过产品模型以真实空间体的形式出现，能够立体、全方位地展示设计内容，使设计内容具有真实的体验感。

### （二）通过模型制作推动设计实践不断深化

模型制作本身就是深入设计的过程。由于平面无法表达出产品的真实形态，在进行三维表达时可以发现与原先思考的差异并进行改进，所以在制作模型的同时也就在不断地深入设计方案。在整个设计流程中需要多次制作模型并在模型上不断深化设计方案，包括对产品形态、材质、色彩、功能机构、人机交互体验等方面的修改（图0-3）。通过产品模型

图0-2  笔记本设计套装手板模型

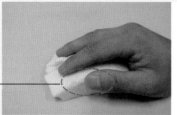

草模验证后发现按钮的位置太偏前，不符合使用需求。应往后移。

当三个物件放一起后，感觉拓展坞有点大，应该缩小尺寸。

草模做出来后发现笔记本尺寸感觉偏小，量了几台14寸笔记本大小后发现建模定的尺寸偏小1cm。

草模验证后架在一起会滑动，在拓展坞两块接触面上采用橡胶材质防滑。

因为30°有点偏高，架起来后滑动厉害，所以30°要做个限位装置。

图0-3  通过草模验证笔记本、拓展坞支架、鼠标之间配合度

制作，可以更加方便设计团队面对面地进行交流与探讨，通过交流不断拓展思路。实践证明，在产品设计时，能够结合模型制作、草图表现、电脑制作等多种方式进行综合表达，更能够提高设计效率，保证设计质量，这也是现代产品设计师必须要掌握的能力。

### （三）作为展示、评价、验证设计的实物依据

产品模型也是重要的产品展示、评价、验证的手段。通过产品模型可以对产品的造型形态、表面色彩、材质肌理等外部特征进行展示；通过产品模型可以完成对人机关系的综合研究与分析；通过产品模型可以制订产品生产工艺路线、进行生产成本核算等。通过产品模型的验证，可以降低直接制造的风险，也更容易在批量生产前看到产品全貌，抢先占领市场（图0-4）。产品模型处在产品设计与批量生产环节之间，起到了桥梁作用，为产品设计走向市场提供了高效、快捷、经济的解决方案（图0-5）。

图0-4  笔记本手板样机模型测试验证

产品走向市场的桥梁

图0-5  产品模型作用示意图

## 三、产品模型分类

从产品概念构思到产品设计完成的不同设计阶段，设计师可以采用不同种类的模型来表达设计意图及设计效果。同样的，不同类型的产品设计，采用模型与制作的方式也不同。产品模型的分类是相对而言的，大致可从设计流程作用、加工方式、选择材料三种方式进行分类。

### （一）以设计流程作用分类

产品模型根据设计流程的不同阶段，可以分为概念构思模型、功能实验模型与手板样机模型三类。

概念构思模型也称为草模，适用设计流程的前期阶段，是通过三维形态的快速、概括表达的基础表现模型，常与二维设计草图表达结合使用，作为一种快速表现方式呈现多个设计概念构想，为设计师提供分析、对比和研讨的依据。与设计草图相比，概念构思模型三维表现的方式更能够激发设计师的联想，提供突破性的设计概念。概念构思模型主要用于形态、结构、功能等基本构思内容的体现，不拘泥于模型的完整度与精细度，可使用纸、发泡、黏土、石膏等材料实现快速表现（图0-6~图0-9）。

图 0-6  卡纸制作草模验证尺寸

图 0-7  发泡制作草模推敲形态

图 0-8  黏土制作草模推敲形态

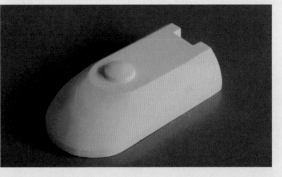

图 0-9  石膏制作草模推敲形态

图 0-10 产品折叠机构测试

图 0-11 音响界面尺寸评估

功能实验模型是检验产品功能设计合理性的模型，通过模型模拟测试产品各种功能实现情况，包括人机尺度分析与体感测试、机构运行与配合情况、材料受力测试等（图 0-10~图 0-12）。功能实验模型侧重实验与体验效果，不对产品外观表现效果有要求。通过功能实验模型的实验测试反馈进行方案修正，能够实现产品使用功能，完成既定的设计目标。

图 0-12 厨房用品人机交互测试

手板样机模型是指根据产品设计的外观图或结构图制作出来的产品样板或者产品模型，用来检测和评审外观、机构的合理性，也用于向市场提供样品，这样通过市场检验满意后或者经过修改使市场满意后再开模进行批量生产。通过外观手板模型可以直观地评审造型设计方案的人机合理性、色彩呈现、材质表达、产品整体形态，对检验和优化产品的外观设计有举足轻重的作用（图 0-13）。通过结构手板模型可对产品装配工

图 0-13 智能花盆外观手板模型

艺合理性、装配的难易度、模具制造工艺及生产工艺的分析和评审起到非常直观的作用，方便设计者及早发现问题，优化设计方案，降低直接开模风险（图 0-14）。手板样机模型还可用于参加展会等市场推广、商业洽谈活动，为企业赢得市场先机（图 0-15）。

图 0-14　医疗器械结构手板模型

图 0-15　概念车比例手板模型

## （二）以加工方式分类

产品模型根据加工方式的不同，可以分为手工模型与计算机辅助加工模型两类。

图 0-16　手工发泡制作花盆模型

手工模型是借助人可操作的机械设备和可用于加工的手工设备来加工的模型，是一种相对传统的模型表现方式。手工模型具有成本低、修改方便的优点，是一种操作相对简单，同时还比较容易实现的常用模型加工方法（图 0-16）。但由于手工模型制作周期较长，制作模型的精度不够，所以目前常用于产品设计的前期与中期，用于推敲、验证、优化设计方案的可行性（图 0-17）。尽管在产品最终展示与样机阶段基本已不再用手工模型方式呈现，但由于手工模型在概念设计中具有无可替代的优势，仍是重要的产品表达手段。

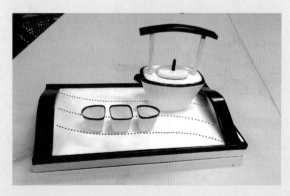

图 0-17　手工 ABS 热压成型制作茶具模型

计算机辅助加工模型也称为数控模型，随着 CAD 和 CAM 技术的快速发展，数控加工中心（CNC）、精雕机、数控铣床、激光成型机，以及大量的后期工艺制作配套设备的普及使模型制作拥有了真正意义上的"精确""快速"和"绚丽"（图 0-18）。随着市场竞争的日益激烈，产品的开发速度日益成为竞争的主要矛盾，而现代化工艺的模型样机制作恰恰能有效地提高产品开发的效率。计算机辅助加工模型主要有两种方式。

图 0-18　CAM 加工模型过程

图 0-19　3D 打印

一种是 RP（激光成型，加法生产模式）。RP 产品模型的优点主要表现在快速与易操作上，主要是通过光敏树脂等材料堆积技术成型（图 0-19）。成本较低的 RP 手板模型相对粗糙、材料单一，不能反映真实的材料特性，所以主要用于产品设计初期的概念构思模型与功能实验模型阶段。精度较高的产品模型设备材料费用较为昂贵，但随着设备成本的逐步降低，在产品手板样机模型中的比例逐步在提高。

图 0-20　CNC 数控加工

另一种是 CNC（电脑控制加工中心，减法生产模式）。CNC 加工的优点是能够非常精确地反映图纸所表达的信息和材料特性，表面质量高，但技术要求高（图 0-20）。目前运用 CNC 技术为主的手板样机模型制作已经成为一个行业，是手板制造业的主流。我们在工业设计行业内提到的手板一般都是指用 CNC 数控加工制作完成的手板模型。

## （三）以选择材料分类

产品模型根据选用材料的不同，可以分为纸模型、发泡模型、黏土模型、石膏模型、ABS 塑料模型、木工模型、玻璃钢模型、硅橡胶模型、油泥模型等。

其中纸模型（图 0-21）、发泡模型、黏土模型、石膏模型由于其技术要求低，成型表现快的特点，常用于概念构思模型阶段。ABS 塑料模型、木工模型、玻璃钢模型、硅橡胶模型常用于功能实验模型及手板样机模型阶段，技术要求较高，可采用手工方式制作，也可采用计算机辅助加工方式制作（图 0-22～图 0-24）。油泥模型由于良好的可塑性，特别适用于制作异形形态的产品模型，既可用于概念构思模型制作，也可用于最终外观样机制作，多使用于汽车设计领域（图 0-25）。

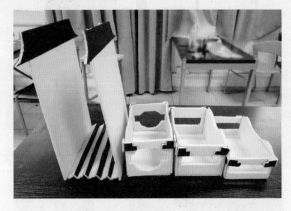

图 0-21　办公用品纸模型

图 0-22　木工糖果盒模型

图 0-23　玻璃钢座椅样机模型

图 0-24　硅橡胶调味瓶样机模型

图 0-25　儿童玩具车油泥模型

## 四、产品模型设计与制作的学习方法

本书通过手工模型设计与制作、手板模型设计与制作两类共计 8 个典型产品模型设计与制作案例讲解来学习制作工艺与方法，分别是石膏模型设计与制作、ABS 模型设计与制作、木工模型设计与制作、玻璃钢模型设计与制作、油泥模型设计与制作、曲面手板模型设计与制作、复杂组合手板模型设计与制作、综合手板模型设计与制作。8 个案例的讲解从易到难、由浅入深，符合读者学习的认知规律（图 0-26）。

每一个任务内容讲述时，首先提出该项目介绍及学习目标，结合案例说明典型工作流程，再详细进行模型制作案例的解析。在案例讲解结束后给出考核与评分标准，通过学习效果自测检查理论掌握情况，通过模型制作评分标准检测制作技能掌握程度。作为国家职业教育艺术设计（工业设计）专业教学资源库《产品模型设计与制作》课程配套教材，本书 8 个案例均配有详细的教学讲义、PPT 课件和视频教程，形成全方位的学习资源（图 0-27）。

此外，由于图书篇幅有限，本书仅选择了 8 个代表性的案例进行讲解。读者可以通过国家职业教育艺术设计（工业设计）专业教学资源库网站学习更多的产品设计模型制作案例（图 0-28）。目前资源库的设计实现能力课程板块共提供了 5 门课程、23 个模型制作案例供学习使用，使得本教材不仅适用于产品模型设计与制作课程学习，也适合石膏模型设计与制作、ABS 塑料模型设计与制作、交通工具油泥模型设计与制作、手板模型设计与制作等专项模型课程学习（图 0-29）。

手板模型的设计与制作 · 曲面、复杂组合、综合模型

油泥模型的设计与制作

玻璃钢模型的设计与制作

木工模型的设计与制作

ABS模型的设计与制作

石膏模型的设计与制作

图 0-26　8 个案例的进阶关系

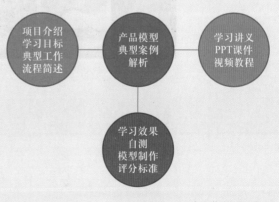

项目介绍
学习目标
典型工作
流程简述

产品模型
典型案例
解析

学习讲义
PPT课件
视频教程

学习效果
自测
模型制作
评分标准

图 0-27　全方位学习示意图

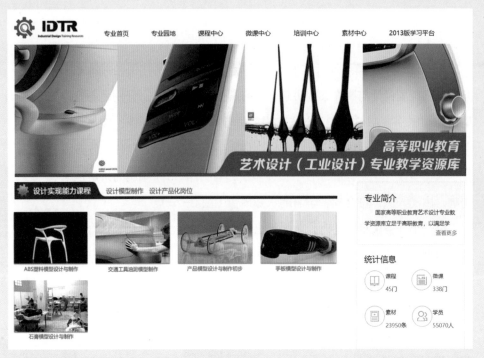

图 0-28  国家职业教育艺术设计（工业设计）专业教学资源库网站

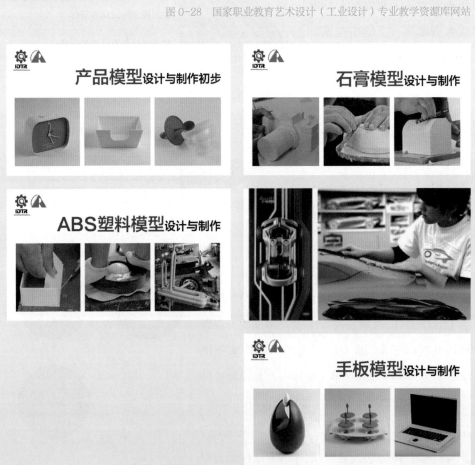

图 0-29  艺术设计（工业设计）专业教学资源库设计实现能力课程群

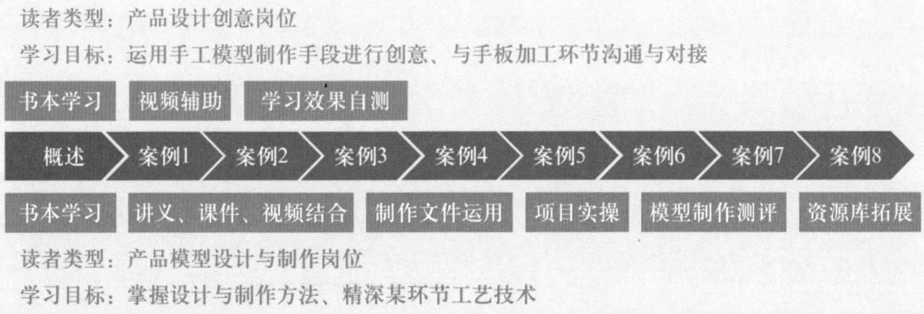

读者类型：产品设计创意岗位

学习目标：运用手工模型制作手段进行创意、与手板加工环节沟通与对接

| 书本学习 | 视频辅助 | 学习效果自测 |
|---|---|---|

概述　案例1　案例2　案例3　案例4　案例5　案例6　案例7　案例8

| 书本学习 | 讲义、课件、视频结合 | 制作文件运用 | 项目实操 | 模型制作测评 | 资源库拓展 |
|---|---|---|---|---|---|

读者类型：产品模型设计与制作岗位

学习目标：掌握设计与制作方法、精深某环节工艺技术

图 0-30　两类读者学习方法示意图

　　学习本书的读者预计有两类，第一类读者目前或者以后从事产品设计创意工作，需要了解产品模型设计与制作的流程方法及常见材料与制作工艺，便于使用模型制作手段进行设计创意与表达，并检测与评审产品模型是否达到创意要求。建议此类读者按照顺序进行学习，辅助视频学习加深认识，通过学习效果自测检测对知识的理解程度。

　　第二类读者目前或者以后从事产品模型设计与制作工作，需要掌握产品模型设计与制作的流程方法及常见制作工艺，尤其需要精深其中某个岗位的加工制作方法。建议这类读者在整体掌握产品模型流程与工艺的基础上，聚焦其中某个工艺环节进行学习。由于篇幅原因，本书无法呈现每类模型与案例详细操作步骤，配套的讲义和 PPT 课件会对制作步骤有更详细的讲解，再结合本书视频和制作文件进行学习，通过模型制作测评检测，并访问国家职业教育艺术设计（工业设计）专业教学资源库网站学习更多模型案例会有更好的效果（图 0-30）。

　　通过本教材以及国家高等职业教育艺术设计（工业设计）专业教学资源库网站相关模型课程资源，可实现产品艺术设计、工业设计以及相关专业的模型课程学习。各院校可以根据各自专业的学制（三年制高职专科、四年制高职本科或应用型本科）、专业办学特色、专业方向选择合适的课程模块进行学习。建议选用学校可利用智慧职教资源在职教云内搭建 SPOC 课程，通过线上线下融合方式实现混合式教学，更加方便教学使用。该课程详细的授课内容以及学时、学期、教学建议请见表 0-1。

表 0-1　建议授课内容与学时分配

| 序号 | 工作项目 | 子项目名称（或学习任务） | 教学内容 | 活动设计 | 学时 | 开设时间 | 课业设计 |
|------|----------|--------------------------|----------|----------|------|----------|----------|
| 1 | 石膏模型制作 | 单曲面形态模型制作 | 1. 石膏模型目的与意义介绍<br>2. 石膏模型制作流程与方法（以具体产品模型为例）<br>3. 石膏的成型特点 | 1. 基本理论讲授<br>2. 模型制作演示<br>3. 学生实践，教师现场指导 | 48 | 大一上学期 | 三个石膏模型制作 |
| | | 双曲面形态模型制作 | | | | | |
| | | 相机模型制作 | | | | | |
| 2 | 手工 ABS 模型制作 | ABS 平面异体配合模型制作 | 1. 塑料模型目的与意义介绍<br>2. 塑料模型制作流程与方法（以具体产品模型为例）<br>3. 塑料的成型特点 | 1. 基本理论讲授<br>2. 模型制作演示<br>3. 学生实践，教师现场指导 | 64 | 大一下学期 | 三个手工塑料模型制作 |
| | | ABS 曲面异体配合模型制作 | | | | | |
| | | 塑料电话机模型制作 | | | | | |
| 3 | 木工与玻璃钢模型制作 | 木质家用器皿模型制作 | 1. 木工模型目的与意义介绍<br>2. 木工模型制作流程与方法（以具体产品模型为例）<br>3. 木工的成型特点 | 1. 基本理论讲授<br>2. 模型制作演示<br>3. 学生实践，教师现场指导 | 32 | 大二上学期 | 两个家居木工模型制作 |
| | | 木质高脚凳模型制作 | | | | | |
| | | 玻璃钢玩偶模型制作 | 1. 玻璃钢模型目的与意义介绍<br>2. 玻璃钢模型制作流程与方法（以具体产品模型为例）<br>3. 玻璃钢的成型特点 | | 24 | | 玻璃钢模型制作 |
| 4 | 油泥模型制作 | 油泥模型方块体制作 | 1. 油泥模型目的与意义介绍<br>2. 油泥模型制作流程与方法（以具体产品模型为例）<br>3. 油泥的成型特点 | 1. 基本理论讲授<br>2. 模型制作演示<br>3. 学生实践，企业兼职教师现场指导 | 120 | 大二下学期／大三上学期 | 六个进阶模型制作 |
| | | 油泥模型圆柱体制作 | | | | | |
| | | 油泥模型旋转体制作 | | | | | |
| | | 工具箱制作 | | | | | |
| | | 画线仪制作 | | | | | |
| | | 油泥模型 speedform 制作 | | | | | |
| | | 儿童玩具车油泥模型制作 | | | | | 按照企业指导教师完成相务；完成顶岗日志、企业考核反馈表、考勤表。 |
| | | 摩托车油泥模型制作 | | | | | |
| 5 | 手板模型制作 | 便笺盒手板模型制作 | 1. 手板模型目的与意义介绍<br>2. 手板模型制作流程与方法（以具体产品模型为例）<br>3. 手板的成型特点 | 1. 基本理论讲授<br>2. 模型制作演示<br>3. 学生实践，企业兼职教师现场指导 | 80 | 大二下学期／大三上学期 | 按照企业指导教师完成相务；完成顶岗日志、企业考核反馈表、考勤表。 |
| | | 灯具手板模型制作 | | | | | |
| | | 音箱手板模型制作 | | | | | |
| | | 闹钟手板模型制作 | | | | | |
| | | 调味瓶手板模型制作 | | | | | |
| | | 笔记本手板模型制作 | | | | | |

注：本表格以三年制职教专科专业为例，职教本科以及应用型本科专业可同比例适当扩展。

手工模型是借助人可操作的机械设备和可用于加工的手工设备来加工的模型，具有成本低、修改方便的优点，常用于产品设计的前期与中期，用于推敲、验证、优化设计方案的可行性。尽管在产品最终展示与样机阶段基本已不再用手工模型方式呈现，但由于手工模型在概念设计中无可替代的优势，仍成为重要的产品表达手段。本章选取了石膏模型、ABS 模型、木工模型、玻璃钢模型、油泥模型五个代表性模型制作案例来讲解手工模型设计与制作方法。

# 手工模型
# 设计与制作篇

# 任务 1　石膏模型设计与制作——相机

## 1.1　任务介绍

本项目作为手工模型设计与制作的第一个任务，重点学习相机的外观石膏模型加工制作程序方法，通过相机产品设计的石膏模型制作过程方法的实例介绍，将产品设计石膏模型制作的一般程序、方法、工艺过程及要点和注意事项通过实际模型和文字呈现出来（图 1-1、图 1-2）。

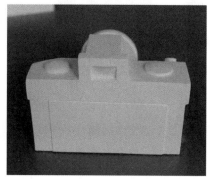

图 1-1　相机模型图正面　　　　　　　　图 1-2　相机模型图背面

产品设计石膏模型学习和训练的主要目的在于让学生具备产品设计的三维立体造型能力和了解、体会三维立体实际物的造型训练在产品设计中对产品尺度、结构、人机、功能验证、加工工艺等造型的重要性和产品造型设计中细节感悟能力的模型制作训练的必要性。

## 1.2　学习目标

① 学会分析图形尺寸。

② 学会制作石膏模型浇制模坯。

③ 学会根据图纸制作模型曲面形态 $R$ 量规。

④ 学会产品石膏模型六面角尺基本体的加工制作。

⑤ 掌握复杂形态产品石膏模型制作工艺。

⑥ 掌握复杂形态产品石膏模型去余量粗加工方法。

⑦ 掌握复杂产品石膏模型的精加工工序技能方法。

## 1.3　设计与制作流程

相机石膏模型设计与制作流程如图 1-3 所示。

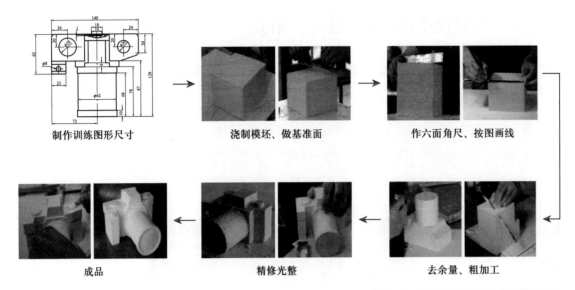

制作训练图形尺寸　　　　浇制模坯、做基准面　　　　作六面角尺、按图画线

成品　　　　　　　　　精修光整　　　　　　　　去余量、粗加工

图1-3　相机石膏模型设计与制作流程图

## 1.4　设计与制作步骤

1. 材料和工具准备

（1）材料：石膏粉、水、KT板或厚卡纸。

（2）工具：圆规一个，硬质画线针一个，250 mm 90°角尺（根据模型尺度选用角尺大小）一把、游标卡尺一把，普通优质钢锯条2根、砂纸若干，浇制石膏坯的料筒（普通塑料盆或桶）及搅棍各一，供磨制刀具使用的砂轮机一台。

2. 绘制确定模型对象的形位尺寸图纸

熟悉模型对象图纸、分析模型形态（图1-4）

3. 浇制模坯、做基准面

根据图纸用1 mm塑料板分别制作$R30$、$R40$、$R50$和$R80$量规—作190 mm×110 mm×55 mm模坯腔体—拌石膏浆—浇石膏模坯—作底面基面。

步骤01：根据图纸加工制作$R$曲线量规，注意将$R$测量面进行倒角至0.3~0.5 mm宽，以有利于测量的准确性（图1-5）。

步骤02：用KT板或后硬板纸按模型对象的长、宽、高最大尺寸各加5 mm尺寸余量（可视具体造型增减尺寸余量）制作石膏浇坯形腔（注意角尺），并浇制石膏模坯（图1-6）。

视频：

相机模型刀具制作、$R$量规制作、整体加工技术

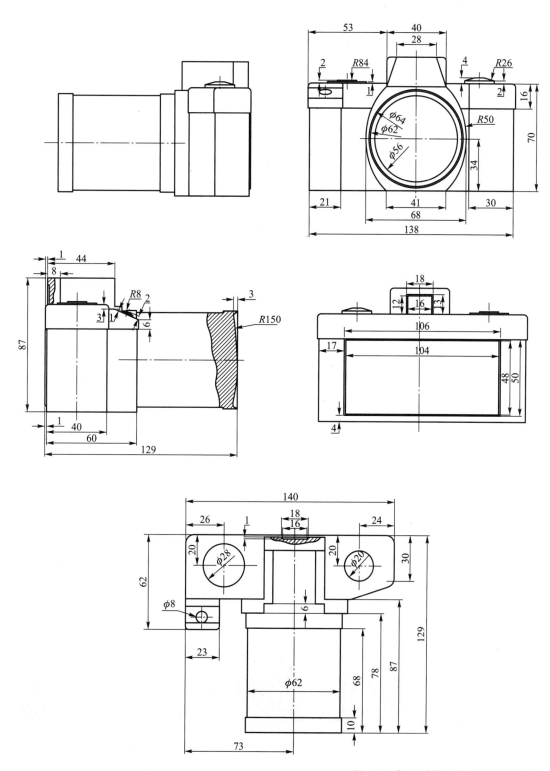

图1-4　高级石膏模型制作训练图形尺寸

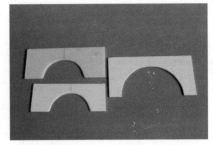

图 1-5　制作量规

图 1-6　浇石膏模坯

注意事项：

① 石膏材料要选用优质模型石膏粉。

② 石膏浆的搅拌要以一个方向进行，不要来回搅拌，以免使空气进入引起石膏坯体有气泡。

③ 石膏浆不宜太厚，一般以手感搅棒有明显阻力即可，这需要实践和经验。

④ 一件模型的石膏模坯必须一次性浇毕，二次或多次叠浇会产生坯体软硬不匀而不利于模型加工。

步骤 03：加工基准平面（图 1-7）。

图 1-7　加工基准平面

#### 4. 作六面角尺、按图画线

以基准平面为准，分别按序加工六面的角尺面。

步骤 01：作各角尺面（图 1-8）。

图 1-8　作角尺面

步骤 02：按图画线（图 1-9）。

图 1-9　按图划线

#### 5. 去余量、粗加工

根据画线按"从大到小""先方后圆"进行有序的去除余量——注意保持基准面和重要基准线，每次大面积去除余量的大面要及时平整和补上重要基线。

步骤 01：对镜头柱进行先方后圆加工（图 1-10）。

步骤 02：将左右大块余量锯割（图 1-11）。

图 1-10 "先方后圆"加工 图 1-11 左右面大余量锯割

步骤 03：大面积平面要及时平整（图 1-12）

步骤 04：上面大余量锯割（图 1-13）

图 1-12 平整平面 图 1-13 上面大余量锯割

步骤 05：及时平整（图 1-14）。

步骤 06：逐面按序去余量（图 1-15）。

 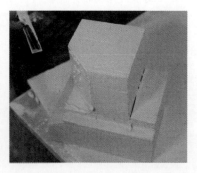

图 1-14 平整 图 1-15 去余量（1）

步骤 07：逐面继续按序去余量（图 1-16）。

步骤 08：依序加工（图 1-17）。

图 1-16　去余量（2）　　　　　　　　图 1-17　加工

步骤 09：逐步成圆柱形（图 1-18）。

步骤 10：补线（图 1-19）。

图 1-18　"圆柱型"呈现　　　　　　　图 1-19　补线

步骤 11：刻画定位（图 1-20）。

步骤 12：凹槽去余量（图 1-21）。

图 1-20　刻画定位　　　　　　　　　图 1-21　凹槽去余量

步骤 13：凹槽加工（图 1-22）。

步骤 14：锯割按键余量（图 1-23）。

视频：

相机模型中的圆弧曲面
加工与测量技术

图 1-22　凹槽加工                       图 1-23　锯割按键余量

步骤 15：刻画定位（图 1-24）。

步骤 16：按键去余量（图 1-25）。

图 1-24　刻画定位                       图 1-25　按键去余量

步骤 17：按键去余量完成情况（图 1-26）。

步骤 18：另一按键去余量（图 1-27）。

图 1-26　按键去余量完成情况              图 1-27　另一按键去余量

步骤 19：平行锯割（图 1-28）。

步骤 20：清角平切（图 1-29）。

 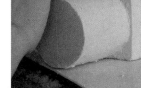

图 1-28  平行锯割        图 1-29  清角平切

步骤 21：余量基本清除（图 1-30）。

步骤 22：余量加工完毕（图 1-31）。

图 1-30  余量基本清除        图 1-31  余量加工完毕

## 6. 精修光整

按"从大到小"顺序进行精加工——整体测量、精修光整到位。

步骤 01：圆柱体加工程序（图 1-32）。

步骤 02：清出清角（图 1-33）。

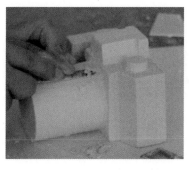 

图 1-32  圆柱体加工        图 1-33  清出清角

步骤 03：修出柱底平面（图 1-34）。

步骤 04：利用锯条直平背刮光（图 1-35）。

图 1-34　修出柱底平面　　　　　　　　　　图 1-35　刮光

步骤 05：利用 $R$ 曲线规划弧线（图 1-36）。

步骤 06：刻画加工弧形柱底（图 1-37）。

图 1-36　利用 $R$ 曲线规划弧线　　　　　图 1-37　刻画加工弧形柱底

步骤 07：标定圆柱内凹尺寸点（图 1-38）。

步骤 08：按点一手稳定一手旋转圆柱实现圆柱体的水平画线（图 1-39）。

 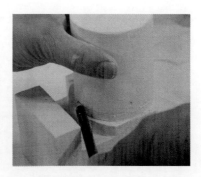

图 1-38　标定圆柱内凹尺寸点　　　　　　图 1-39　水平划线（下部）

步骤 09：同理划出圆柱体上部水平线（图 1-40）。

步骤 10：刻画定位（图 1-41）。

图 1-40　水平划线（上部）　　　　　　　　　图 1-41　刻画定位

步骤 11：刻定控制圆柱前部内凹深度（图 1-42）。

步骤 12：刻定控制圆柱根部内凹深度（图 1-43）。

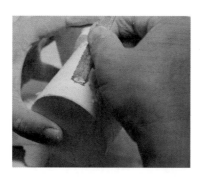 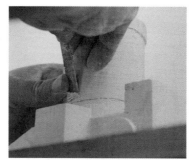

图 1-42　刻定内凹深度（前部）　　　　　　　图 1-43　刻定内凹深度（根部）

步骤 13：利用锯齿快速刮削（图 1-44）。

步骤 14：利用锯齿的平行线平刮圆柱（图 1-45）。

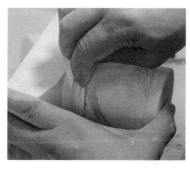 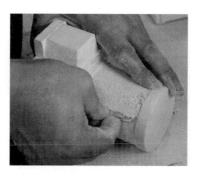

图 1-44　快速刮削　　　　　　　　　　　　　图 1-45　平刮圆柱

步骤 15：利用锯背刮光圆柱（图 1-46）。

步骤 16：定位刻画相机下部内凹（图 1-47）。

图 1-46　刮光圆柱　　　　　　　　图 1-47　刻画下部内凹

步骤 17：注意整体加工（图 1-48）。

步骤 18：刮削下部内凹平面（图 1-49）。

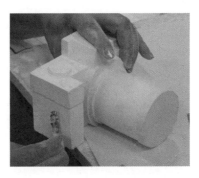

图 1-48　整体加工　　　　　　　　图 1-49　刮削下部内凹平面

步骤 19：背面尺度验证（图 1-50）。

步骤 20：刻画圆柱体镜头定位线（图 1-51）。

视频：

相机模型中的按键加工、
细节加工与表面打磨
技术

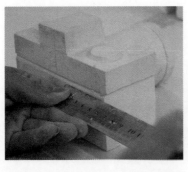

图 1-50　背面尺度验证　　　　　　图 1-51　刻画圆柱体镜头定位线

步骤 21：加工内凸 $R$ 弧（图 1-52）。

步骤 22：内圆精修加工（图 1-53）。

图 1-52　加工内凸 $R$ 弧　　　　　图 1-53　内圆精修加工

步骤 23：测量修整内圆尺寸（图 1-54）。

步骤 24：镜头内圆修整（图 1-55）。

图 1-54　修整内圆尺寸　　　　　图 1-55　镜头内圆修整

步骤 25：测量外圆（图 1-56）。

步骤 26：按键高度画线（图 1-57）。

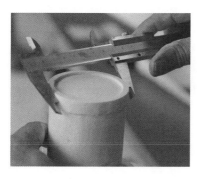

图 1-56　测量外圆　　　　　图 1-57　按键高度划线

步骤 27：按键圆柱曲面加工（图 1-58）。

步骤 28：利用锯条直角加工清角（图 1-59）。

图 1-58　按键圆柱曲面加工　　　　　　　　图 1-59　加工清角

步骤 29：利用转盘方便加工（1-60）。

步骤 30：砂纸光整方法（1-61）。

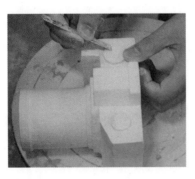
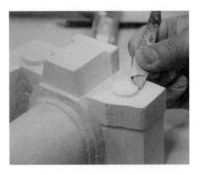

图 1-60　转盘方便加工　　　　　　　　图 1-61　砂纸光整方法

步骤 31：运用砂纸清角方法（图 1-62）。

步骤 32：后部补线（图 1-63）。

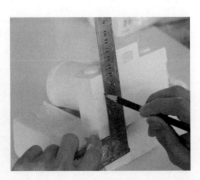

图 1-62　运用砂纸清角方法　　　　　　　　图 1-63　后部补线

步骤 33：后盖精加工（图 1-64）。

步骤 34：后背加工完成情况（图 1-65）。

图 1-64  后盖精加工

图 1-65  后背加工完成情况

步骤 35：整体光整（图 1-66）。

注意事项：

① 最后模型光整的砂纸要用 1 号或 0 号的细砂纸。

② 在用砂纸光整时，砂纸要垫在一硬物平整面上，尽量避免用手直接手持砂纸进行加工。

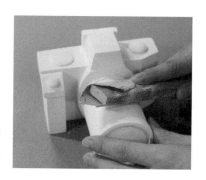

图 1-66  整体光整

7. 成品展示

相机石膏模型制作完成效果如图 1-67 所示。

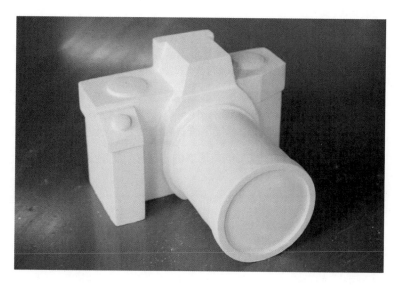

图 1-67  相机石膏模型

## 1.5  考核与评分标准

1. 学习效果自测

（1）浇注石膏模坯应注意哪些问题？

一是注意模坯的尺度和角尺问题；二是模坯浇注要一次性完成。

（2）$R$ 曲线规制作有哪些要求？

第一，制作 $R$ 曲线规的材料要用具有一定硬度不易变形又易加工的塑料薄板；第二，完成的 $R$ 曲线规应有 $R$ 中心参考垂直线。

（3）在加工六面角尺基本体时要注意的问题是什么？

加工六面角尺基本体时要注意保证三个维度尺寸基准面的角尺平面加工精度，以保证后面形位尺寸画线加工的准确性。

（4）在石膏坯上画线应注意哪些问题？

在石膏坯上画线应注意以下问题：一是形态画线应注意各面相对应贯通，特别是中心线和主要的基准形态线一定要各面相通贯；二是在画弧线时避免用圆规直接在模坯上转画，应做一画线垫块进行，这样能避免产生凹陷。

（5）复杂产品石膏模型的去余量加工要注意什么？

复杂产品石膏模型的去余量加工要按照"先大后小""先方后圆"，按顺序进行切削，大的平面要及时平整和补划重要基线。

（6）去余量的切削加工应注意什么？

每次切削前，应在形状的边缘线上进行刻线；为防止石膏发生崩裂，每刀次的切削量不宜太多，切削加工的切削方向应尽量从外向里进行。

（7）复杂产品石膏模型精加工要注意什么？

复杂产品石膏模型精加工要注意多看、多测量，按序进行。对容易在其他形态加工中碰触的形态地方放在最后加工。

（8）产品石膏模型最后精修光整要注意些什么？

产品石膏模型的精修光整要等石膏材料表面基本干透后最后一次性进行。模型若有边角的小 $R$ 或小倒角形态的一次性同时处理。

## 2. 模型制作评分标准（表1-1）

表1-1　相机石膏模型制作评分标准

| 序号 | 项目 | 内容描述与要求 | 分值 | 得分 |
|------|------|----------------|------|------|
| 1 | 作品评价 | 模型形、位尺寸控制的准确性 | 80 | |
| | | 模型整体表面质量 | | |
| 2 | 职业态度 | 工作主动、行为规范、条理清晰 | 20 | |
| | | 遵守工作要求和安全事项，爱护工作设备、器具和公物 | | |
| | | 学习态度端正 | | |
| | | 遇到问题主动及时与教师沟通互动，遵守工作室纪律、规定和要求 | | |
| | | 积极阅读教材外的相关资料 | | |
| 3 | 总得分 | | | |

## 任务 2 ABS 模型设计与制作——电话机

### 2.1 任务介绍

本项目通过电话机外观 ABS 模型设计与制作工艺过程方法的学习（图 2-1、图 2-2），了解和掌握产品逼真模型（塑料）的手工热压成型工艺和产品塑料模型的手工制作工艺方法。希望通过本项目的学习，不仅让大家了解和掌握分体配合、形态复杂的产品模型制作、装配、装饰等产品逼真样机的制作技能，还能通过这一过程，认识、体会和感受产品形态与功能、生产及造型语言的关系等，为今后产品造型设计打下良好的基础。

图 2-1　电话机整体模型图　　　　　　　　　　图 2-2　电话机模型分离图

### 2.2 学习目标

① 了解并掌握塑料模型制作的加工工艺流程。

② 理解并学会分析产品模型图纸。

③ 学会设计制作热成型形态的热压模具。

④ 掌握塑料热压成型工艺技能。

⑤ 掌握分体模型配合加工工艺技能。

⑥ 掌握产品样机零部件加工和装配技能。

⑦ 掌握塑料模型表面喷涂工艺及装饰工艺技能。

### 2.3 设计与制作流程

电话机外观 ABS 模型设计与制作工艺流程如图 2-3 所示。

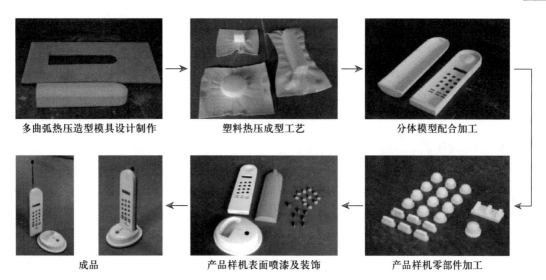

| | | |
|---|---|---|
| 多曲弧热压造型模具设计制作 | 塑料热压成型工艺 | 分体模型配合加工 |

| | | |
|---|---|---|
| 成品 | 产品样机表面喷漆及装饰 | 产品样机零部件加工 |

图 2-3　电话机外观 ABS 模型设计与制作工艺流程图

## 2.4　设计与制作步骤

1. 制作热成型热压模具

步骤 01：分析图纸（图 2-4～图 2-7）。

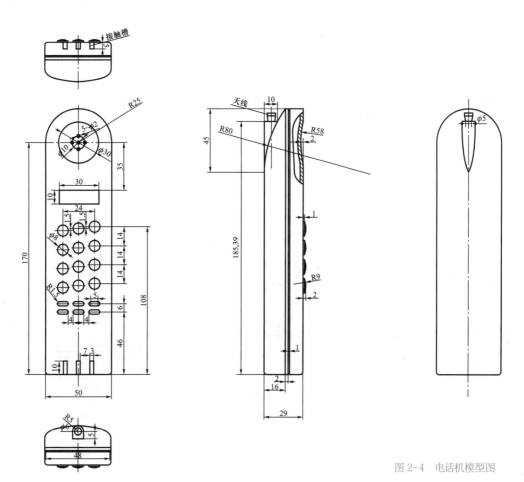

图 2-4　电话机模型图

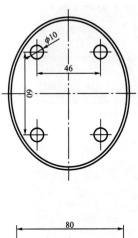

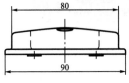

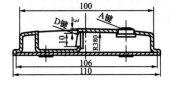

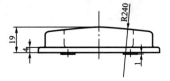

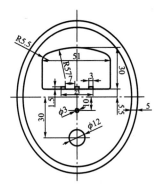

注：板材壁厚均为 2 mm。

图 2-5　机座图

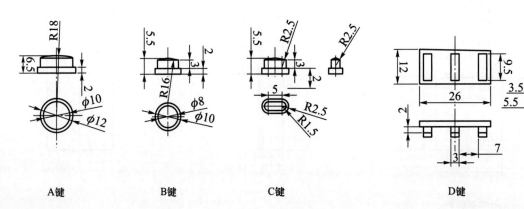

A键　　　　　　　　B键　　　　　　　　C键　　　　　　　　　　D键

图 2-6　按键图

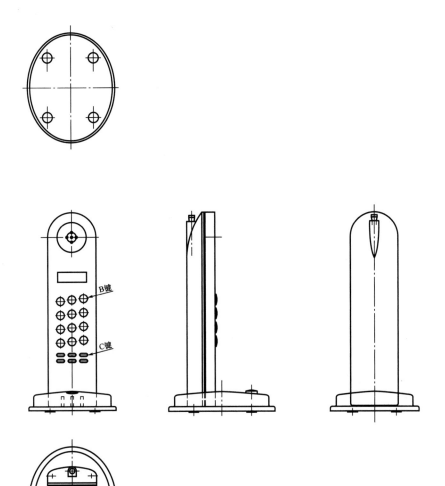

图 2-7　装配图

步骤 02：根据图纸设计热压内、外模模具图纸（图 2-8~图 2-13）。

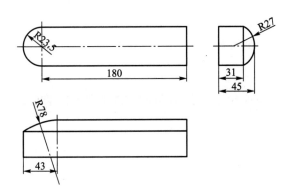

图 2-8　本机热压内模（凸模）尺寸图

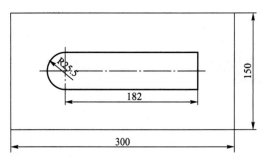

注：外框尺寸为参考尺寸。

图 2-9　本机热压外模（凹模）型腔尺寸图

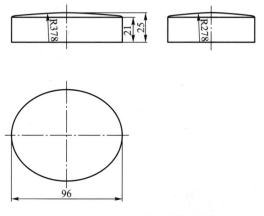

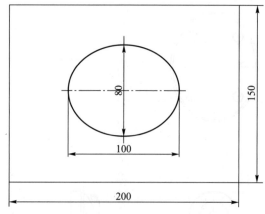

图 2-10　机座热压内模（凸模）尺寸图　　　　　　图 2-11　机座热压外模（凹模）型腔尺寸图

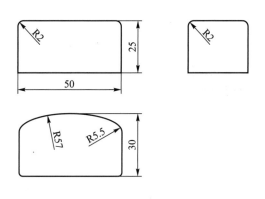

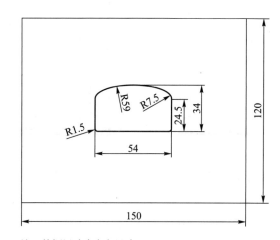

注：外框尺寸为参考尺寸。

图 2-12　机座内凹腔体热压内模（凸模）尺寸图　　图 2-13　机座内凹腔体热压外模（凹模）型腔尺寸图

注意事项：

① 外模材料一般以五层木隔板为宜，大尺寸模型则须采用 2 cm 以上的木板。

② 内模材料一次性热压的可选用容易成型加工的硬质发泡材料，需多次承压的内模应选用木材。

③ 内、外模之间的配合尺寸决定于模型实际尺寸加塑料板材厚度尺寸，再加 0.5 mm 以上（视具体形态尺度而定）。

④ 内模厚度尺寸在图纸所需厚度的尺寸上需加 10 mm 以上（视具体形态和尺度适度增减）。

步骤 03：按模具图制作 $R$ 量规（图 2-14）。

步骤 04：完成各热压内模的 $R$ 量规（图 2-15）。

图 2-14　制作 $R$ 量规

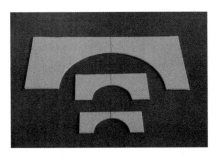

图 2-15　$R$ 量规制作完成

注意事项：小尺寸 $R$ 可利用常规现成的 $R$ 量规，不必再另外加工 $R$ 量规。

步骤 05：制作本机热压内模（图 2-16）。

步骤 06：制作本机热压外模（图 2-17）。

图 2-16　制作本机热压内模

图 2-17　制作本机热压外模

步骤 07：完成本机热压内外模加工（图 2-18）。

步骤 08：制作机座热压内模（图 2-19）。

图 2-18　本机热压内外模加工

图 2-19　制作机座热压内模

步骤 09：制作机座热压外模（图 2-20）。

步骤 10：完成机座热压内外模加工（图 2-21）。

图 2-20　制作机座热压外模　　　　　　　　图 2-21　机座热压内外模加工

步骤 11：制作机座内凹腔体热压内模（图 2-22）。

步骤 12：完成制作机座内凹腔体的热压内外模具加工（图 2-23）。

图 2-22　制作机座内凹腔体热压内模　　　　图 2-23　完成制作机座内凹腔体热压
　　　　　　　　　　　　　　　　　　　　　　　　　　外模加工

2. 塑料热成性

步骤 01：塑料板烘烤（图 2-24）。

注意事项：

塑料板材的烘烤时间视烤箱的功率和塑料板材的厚度而定，以塑料板材的充分软化和不能表面起泡为准。第一次尝试时可先用部分塑料边材试烤来掌握。

步骤 02：本机曲面热压（图 2-25）。

视频：

塑料电话机模型制作的
按键加工与电话机主体
加工技术

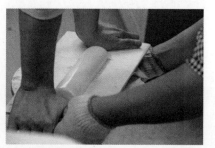

图 2-24　塑料板烘烤　　　　　　　　　　　图 2-25　本机曲面热压

步骤 03：机座内凹腔体热压（图 2-26）。

步骤 04：机座热压（图 2-27）。

图 2-26　机座内凹腔体热压　　　　　　　　图 2-27　机座热压

步骤 05：完成所需热压件（图 2-28）。

步骤 06：用美工刀刻画去废边料（图 2-29）。

注意事项：

① 从烤箱内取出充分烤软的塑料板移到热压模速度要迅速。

② 热压的压下距离要充分。

③ 外模压下保持充分时间移去外模后可用冷水毛巾或其他吸水物迅速延热压形态根部进行充分冷却固型。

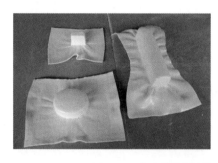 

图 2-28　完成所需热压件　　　　　　　　　图 2-29　划去废边料

步骤 07：用老虎钳沿刻画线钳去废边（图 2-30）。

步骤 08：也可使用钢锯去除废边（图 2-31）。

图 2-30　钳去废边　　　　　　　　　　　图 2-31　锯去废边

步骤 09：去废边后（图 2-32）。

步骤 10：修整至高度尺寸（图 2-33）。

图 2-32　去废边后　　　　　　　　　　　　图 2-33　修整至高度尺寸

步骤 11：划出本机曲弧相交线（图 2-34）。

步骤 12：按划线修整曲弧面（图 2-35）。

视频：

塑料电话机模型制作的
主体分割配合与面板按
键孔加工技术

图 2-34　划去本机曲弧相交线　　　　　　　图 2-35　修整曲弧面

步骤 13：注意勤测 $R$（图 2-36）。

步骤 14：划出本机厚度线（图 2-37）。

图 2-36　勤测 $R$　　　　　　　　　　　　　图 2-37　划出本机厚度线

步骤 15：去余量（图 2-38）。

步骤 16：在粗砂纸上修整（图 2-39）。

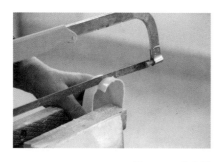

图 2-38　去余量　　　　　　　　　　　　　　图 2-39　修整

步骤 17：在平板上检测平整度（图 2-40）。

步骤 18：依次完成各热压件加工（图 2-41）。

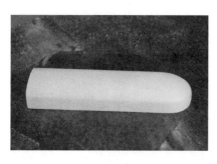
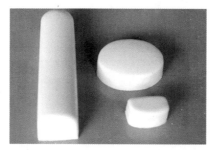

图 2-40　检测平整度　　　　　　　　　图 2-41　完成各热压件加工

3. 模型零部件的组合加工

（1）按键加工

步骤 01：在仪表车床上加工圆形按键（图 2-42）。

步骤 02：考虑最后喷涂油漆厚度，外径按小于图纸尺寸 0.4 cm 加工（图 2-43）。

图 2-42　加工圆形按键　　　　　　　　图 2-43　考虑喷涂油漆厚度

步骤 03：用 $R$ 规检测弧面（图 2-44）。

步骤 04：完成 A、B 圆形按键加工（图 2-45）。

图 2-44　用 $R$ 规检测弧面　　　　图 2-45　完成 A、B 圆形按键加工

步骤 05：C 键，先用 3 mm 厚塑料板加工宽 10 mm 尺寸的长条（图 2-46）。

步骤 06：加工两边 $R1.5$ 圆弧（图 2-47）。

图 2-46　加工塑料条　　　　　图 2-47　加工两边 $R1.5$ 圆弧

步骤 07：按 4 mm 长度进行分割（图 2-48）。

步骤 08：将小件粘于 5 mm 宽的塑料板条上（图 2-49）。

图 2-48　分割塑料板　　　　　　图 2-49　粘贴小件

步骤 09：整体修整保证每个高度一致（图 2-50）。

步骤 10：整体加工 $R2.5$（图 2-51）。

图 2-50　整体修整　　　　　　　　图 2-51　整体加工 $R2.5$

步骤 11：两头加工 $R2.5$（图 2-52）。

步骤 12：分割为单体（图 2-53）。

图 2-52　加工第三 $R$　　　　　　　图 2-53　分割单体

步骤 13：加工 5 mm 宽的两头 $R2.5$（图 2-54）。

步骤 14：相同方法加工 D 键，完成全部按键加工（图 2-55）。

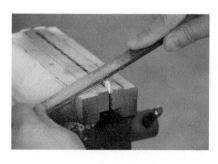 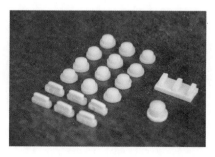

图 2-54　加工两头 $R2.5$　　　　　　图 2-55　完成全部按键加工

（2）本机加工

步骤01：本机长度划线（图2-56）。

步骤02：去长度余量（图2-57）。

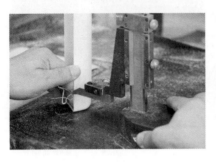

图2-56　本机长度划线　　　　　　　　　　图2-57　去长度余量

步骤03：按热压件内弧加工底部弧（图2-58）。

步骤04：湿溶粘合底部内衬面（图2-59）。

图2-58　加工底部弧　　　　　　　　　　图2-59　湿溶粘合底部内衬面

步骤05：湿溶粘合底部外框面（图2-60）。

步骤06：粘合底部（图2-61）。

图2-60　湿溶粘合底部外框面　　　　　　　　图2-61　粘合底部

步骤 07：加工湿溶面板（图 2-62）。

步骤 08：粘合面板和调整底部粘合（图 2-63）。

图 2-62　加工湿溶面板　　　　　　　　　图 2-63　粘合

步骤 09：底板调整注意角尺关系（图 2-64）。

步骤 10：待充分固定后整修（图 2-65）。

图 2-64　底板调整　　　　　　　　　　图 2-65　整修

步骤 11：整体倒出小 $R$（图 2-66）。

步骤 12：修整各 $R$ 弧形（图 2-67）。

图 2-66　倒出小 $R$　　　　　　　　　图 2-67　修整各 $R$ 弧形

步骤 13：注意勤测量 $R$（图 2-68）。

步骤 14：修整背板 $R$ 弧形（图 2-69）。

图 2-68　勤测量 $R$　　　　　　　　图 2-69　修整背板 $R$ 弧形

步骤 15：检测面板平面度（图 2-70）。

步骤 16：检测背板平整度（图 2-71）。

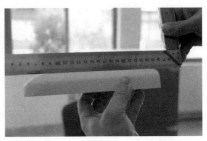

图 2-70　检测面板平面度　　　　　　图 2-71　检测背板平整度

步骤 17：检测面板和底板的角度（图 2-72）。

步骤 18：检测两侧面与底板的角度（图 2-73）。

图 2-72　检测面板和底板的角尺度　　　图 2-73　检测两侧面与底板的角尺度

步骤 19：划出面盖和背盖的分割线（图 2-74）。

步骤 20：借助钢尺仔细钩划分割槽（图 2-75）。

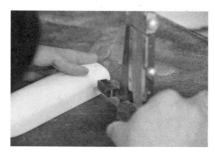

图 2-74　划出面盖和背盖的分割线　　　　　图 2-75　钩划分割槽

步骤 21：弧形处要借助软塑料板钩线（图 2-76）。

步骤 22：分槽确定后继续钩割（图 2-77）。

图 2-76　钩线　　　　　　　　　　　图 2-77　钩割

步骤 23：割至最后可利用背齿锯割（图 2-78）。

步骤 24：分开情况（图 2-79）。

图 2-78　背齿锯割　　　　　　　　　图 2-79　分开

步骤 25：分别在平板上用粗砂纸进行平整（图 2-80）。

步骤 26：找出面板中心线（图 2-81）。

图 2-80　进行平整　　　　　　　　　图 2-81　找出面板中心线

步骤 27：按图画线（图 2-82）。

步骤 28：用洋冲定出各孔中心位置（图 2-83）。

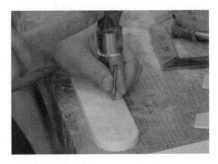

图 2-82　按图画线　　　　　　　　　图 2-83　定出各孔位置

步骤 29：先用小直径钻头钻孔（图 2-84）。

步骤 30：再用大直径钻头扩孔到位（图 2-85）。

图 2-84　钻头钻孔　　　　　　　　　图 2-85　扩孔到位

步骤 31：用什锦锉加工数字窗（图 2-86）。

步骤 32：用什锦锉加工 C 键孔（图 2-87）。

图 2-86　加工数字窗

图 2-87　加工 C 键孔

步骤 33：完成面板孔位加工（图 2-88）。

步骤 34：粘贴面板内衬（图 2-89）。

图 2-88　完成面板孔位加工

图 2-89　粘贴面板内衬

步骤 35：修整内衬高度（图 2-90）。

步骤 36：修整受话听筒内凹 R（图 2-91）。

图 2-90　修整内衬高度

图 2-91　修整受话听筒内凹 R

步骤 37：粘贴背盖里部限位（图 2-92）。

步骤 38：进一步为两体配合修整（图 2-93）。

图 2-92　粘贴背盖里部限位　　　　　　　　　　图 2-93　进一步修整

步骤 39：基本完成分体内部加工情况（图 2-94）。

步骤 40：加工背盖天线柱（图 2-95）。

图 2-94　基本完成分体内部　　　　　　　　　　图 2-95　加工背盖天线柱

步骤 41：先将塑料板叠加粘合充分干固后再行加工（图 2-96）。

步骤 42：根据背盖弧加工粘合弧面（图 2-97）。

图 2-96　粘合充分干固再加工　　　　　　　　　图 2-97　加工粘合弧面

步骤43：对照背盖弧形（图2-98）。

步骤44：粘合天线柱（图2-99）。

 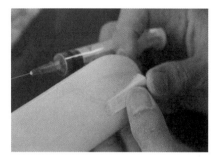

图2-98　对照背盖弧形　　　　　　　　图2-99　粘合天线柱

步骤45：干固后修整形态（图2-100）。

步骤46：注意测量（图2-101）。

图2-100　修整形态　　　　　　　　　图2-101　注意测量

视频：

塑料电话机模型制作的
天线加工与电话机底座
加工技术

步骤47：注意弧形相贯细节加工（图2-102）。

步骤48：天线固定钻孔（图2-103）。

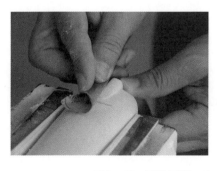 

图2-102　弧形细节加工　　　　　　　图2-103　天线固定钻孔

步骤 49：制作完成简单功能演示的内部结构加工（图 2-104）。

步骤 50：完成面盖和背盖内部的简单安装固定结构（图 2-105）。

图 2-104　完成内部结构　　　　　　　图 2-105　完成安装固定结构

（3）机座加工

步骤 01：按图划线（图 2-106）。

步骤 02：内凹腔体去料钻孔（图 2-107）。

图 2-106　按图划线　　　　　　　　　图 2-107　去料钻孔

步骤 03：美工刀切割去废料（图 2-108）。

步骤 04：修整形态（图 2-109）。

图 2-108　切割去废料　　　　　　　　图 2-109　修整形态

步骤 05：按机座内弧加工内腔粘合弧（图 2-110）。

步骤 06：划出内腔 D 键孔位（图 2-111）。

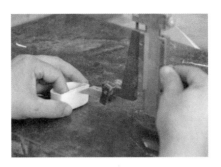

图 2-110　加工内腔粘合弧　　　　　图 2-111　划出 D 键孔位

步骤 07：D 键孔位定位钻孔（图 2-112）。

步骤 08：用美工刀割通 D 键定位孔（图 2-113）。

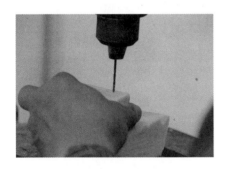

图 2-112　定位钻孔　　　　　图 2-113　割通定位孔

步骤 09：用什锦锉修整 D 键孔形（图 2-114）。

步骤 10：粘合机座内凹腔体（图 2-115）。

图 2-114　修整孔形　　　　　图 2-115　粘合内凹腔体

步骤 11：粘合后内部情况（图 2-116）。

步骤 12：粘合后外表情况（图 2-117）。

图 2-116　粘合后内部情况　　　　　　　　图 2-117　粘合后外表情况

步骤 13：粘合机座裙边（图 2-118）。

步骤 14：固后利用裙边固定加工内凹口（图 2-119）。

图 2-118　粘合机座裙边　　　　　　　　图 2-119　固定加工内凹口

步骤 15：加工机座裙边内圆（图 2-120）。

步骤 16：加工裙边椭圆（图 2-121）。

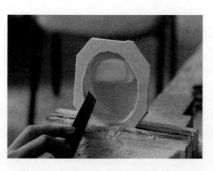 

图 2-120　加工裙边内圆　　　　　　　　图 2-121　加工裙边椭圆

步骤 17：修整弧面（图 2-122）。

步骤 18：初步光整（图 2-123）。

图 2-122　修整弧面　　　　　　　　　　　图 2-123　初步光整

步骤 19：找准中心划定 B 键和电源灯位（图 2-124）。

步骤 20：洋冲定孔位（图 2-125）。

图 2-124　划定 B 键和电源灯位　　　　　　图 2-125　洋冲定孔位

视频：
塑料电话机模型制作的
表面喷涂与组装技术

步骤 21：B 键孔和电源灯孔钻孔（图 2-126）。

步骤 22：加工机座 D 键活动固定结构（图 2-127）。

图 2-126　钻孔　　　　　图 2-127　加工 D 键活动固定结构

步骤23：加工机座底盖（图2-128）。

步骤24：完成底板封盖（图2-129）。

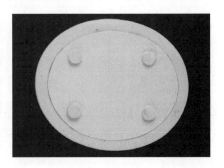

图2-128　加工机座底盖　　　　　　　　图2-129　完成底板封盖

### 4. 产品样机表面喷涂及装饰

步骤01：各零部件进一步细磨（图2-130）。

步骤02：初喷2~3次（图2-131）。

注意事项：

每次喷涂不宜太厚，喷涂时手要持稳漆管来回均匀移动喷涂。

图2-130　进一步细磨　　　　　　　　　　图2-131　初喷

步骤03：细喷（图2-132）。

步骤04：按先浅色后深色顺序喷各部件（图2-133）。

图2-132　细喷　　　　　　　　　　　　图2-133　先浅后深

步骤05：最后喷深色（图2-134）。

步骤06：完成各零部件的喷色（图2-135）。

图2-134　最后喷深色

图2-135　完成喷色

步骤07：对按键进行数字移印（图2-136）。

步骤08：对本机进行装饰移印（图2-137）。

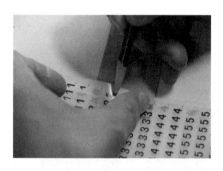

图2-136　数字移印

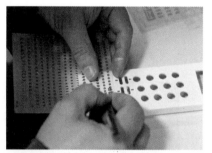

图2-137　装饰移印

步骤09：依次装配（图2-138）。

步骤10：完成装配前面效果（图2-139）。

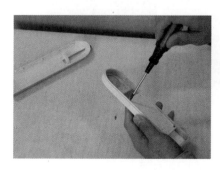

图2-138　依次装配

图2-139　前面效果

步骤 11：完成装配后面效果（图 2-140）。

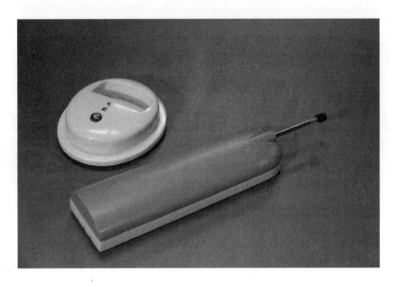

图 2-140　后面效果

## 5. 成品展示（图 2-141）

图 2-141　电话机外观塑料模型

## 2.5 考核与评分标准

1. 学习效果自测

（1）塑料热成型的内、外模制作需要注意什么？

塑料热成型的内、外模制作的形态、尺度间隙是否符合热成型要求。

（2）塑料热压成型时需要注意什么？

一要塑料板烘烤要充分软化；二是从烘箱里取出烤软的塑料板后要迅速热压；三是热压要充分到底；四是热压后要等塑料板基本冷却定型后才可进行脱模。

（3）模型部件的组合加工考察哪方面能力？

模型形位尺寸控制能力（误差在 0.5 mm 以内）、模型角度的控制能力（角度在 5° 内），模型表面质量优良（光整无毛糙现象），分体配合间隙过渡配合能力（开合紧密手拿盒盖下盒不能出现掉落现象）。

（4）模型表面喷涂工艺及装饰的步骤？

一是模型零部件喷涂前打光、二是模型零部件喷涂、三是表面装饰、四是组装、五是完成全部加工。

（5）模型表面喷涂工艺及装饰的标准？

模型样机表面喷涂是否均匀？有无厚薄或挂漆现象？模型样机表面装饰是否整洁美观？模型样机逼真效果是否高质量？简单功能（按键能按动，天线能拉收）是否有所体现。

2. 模型制作评分标准（表 2-1）

表 2-1　ABS 模型设计与制作评分标准

| 序号 | 项目 | 内容描述与要求 | 分值 | 得分 |
|---|---|---|---|---|
| 1 | 作品评价 | 模型形位尺度控制质量 | | |
| | | 模型分体配合质量 | | |
| | | 模型表面质量 | | |
| | | 样机逼真效果 | | |
| 2 | 职业态度 | 工作具有计划性，条理清楚，时间管理观念 | | |
| | | 工作遵守工作室所有的秩序、规定、要求和安全事项等规章制度 | | |
| | | 学习态度认真、积极有耐心，主动与教师进行互动 | | |
| | | 阅读教材外相关的讲义及推荐材料 | | |
| 3 | 总得分 | | | |

## 任务3 木工模型设计与制作——高脚凳

视频:

项目介绍、材料准备与
凳面加工

### 3.1 任务介绍

本项目重点学习三腿斜榫圆凳的制作，完成图纸到实物的具体制作过程（图 3-1、图 3-2）。希望通过本项目的学习，能够让大家通过模型制作，了解木工工艺中最基础的锯、刨、凿的工艺；理解榫的基本结构，熟悉各种木工工具的使用。

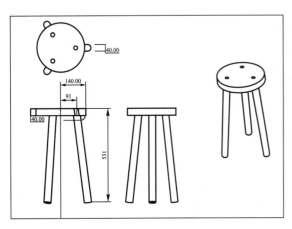

图 3-1 高脚凳尺寸图

图 3-2 高脚凳模型图

### 3.2 学习目标

（1）了解压刨带锯等木工电动工具的安全使用方法。

（2）了解手工刨、手工凿、手工锯等手工木工工具的使用方法。

（3）掌握木制家具加工开料尺寸的计算。

（4）了解木质材料的特性。

（5）掌握压刨带锯等木工电动工具的安全使用方法。

（6）完成圆凳的部件加工。

（7）配对安装。

（8）表面处理。

### 3.3 设计与制作流程

木质高脚凳制作流程如图 3-3 所示。

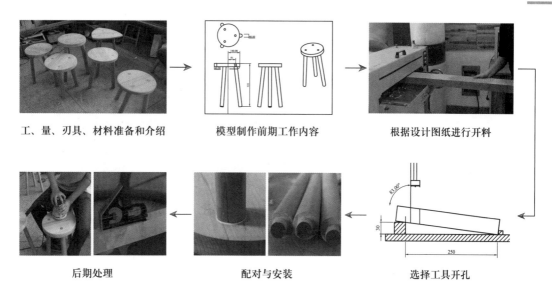

工、量、刃具、材料准备和介绍    模型制作前期工作内容    根据设计图纸进行开料

后期处理                                配对与安装              选择工具开孔

图 3-3  木质高脚凳模型加工流程图

## 3.4  设计与制作步骤

1. 工、量、刃具、材料准备和介绍

工具准备与用途如下：

（1）铅笔、圆规、直尺、角尺，用于制图画线。

（2）压刨（图 3-4）、圆锯（图 3-5），用于木料的开料与加工。

图 3-4  压刨                                          图 3-5  圆锯

（3）带锯（图 3-6）、砂带机（3-7），用于曲线造型的加工与打磨。

（4）榫机（图 3-8）、台钻（图 3-9），用于开孔做榫等加工。

（5）手锯、手刨、凿子、锉刀，用于手工切削调整木质零件（图 3-10）。

（6）木工胶水，用于拼板组装。

（7）砂纸，用于配对和后期打磨处理。

图 3-6　带锯

图 3-7　砂光机

图 3-8　开榫机

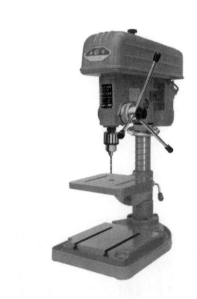

图 3-9　台钻

锯子

刨子

凿子

木工挫刀

图 3-10　锯子、刨子、凿子、木工锉刀

## 2. 模型制作前期工作内容

制图

本课程制作三腿斜榫圆凳（图3-11），具体造型和尺寸可以根据需要进行修改。

步骤：我们以这个设计图纸为例进行制作。根据图纸尺寸料单如下（图3-12）。

腿：42 mm×42 mm×610 mm（三根）

面：45 mm×45 mm×1 200 mm（两根）

注：① 凳面部分以方料拼板制作。

② 开料的尺寸要给加工留出余量。

③ 根据自己的设计开具料单。

图3-11　三腿斜榫圆凳

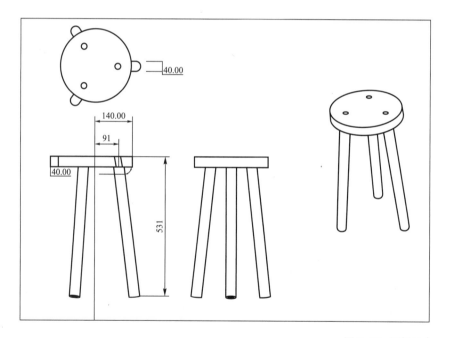

图3-12　图纸尺寸

## 3. 根据设计图纸进行开料

开料——凳面制作、拼版、凳面造型（切割与砂磨）、榫眼制作——腿制作修圆、榫头制作。

（1）开料

根据设计图纸进行开料（图3-13）。

图3-13　开料

（2）凳面制作

拼板：

步骤01：选料（图3-14）。

步骤02：定位（图3-15）。

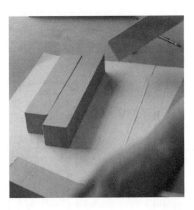

图3-14　选料　　　　　　　　　　　图3-15　定位

步骤03：试拼（图3-16）。

步骤04：涂胶（图3-17）。

图3-16　试拼　　　　　　　　　　　图3-17　涂胶

步骤 05：固定（图 3-18）。

步骤 06：静置（图 3-19）。

图 3-18　固定　　　　　　　　　　　图 3-19　静置

注意事项：

① 选料、定位、试拼，要反复调整确保粘接面无缝隙。

② 涂胶时使用双面涂胶确保胶水充足。

③ 根据温度不同，木工胶水的干燥时间有一定的变化，一般需要静置 6-8 小时。

凳面造型（切割与砂磨）：

步骤 01：画线（图 3-20）。

步骤 02：切割造型（图 3-21）。

图 3-20　画线　　　　　　　　　　　图 3-21　切割造型

步骤 03：砂磨修边（图 3-22、图 3-23）。

图 3-22　砂磨修边 a              图 3-23　砂磨修边 b

注意事项：

① 带锯和砂带机的安全使用和劳保防护。

② 带锯切割时不要压线，要预留出砂磨处理的余量。

榫眼制作：

步骤 01：画线（图 3-24、图 3-25）。

视频：

凳面榫眼制作

图 3-24　画线 a              图 3-25　画线 b

步骤 02：打斜孔工具（图 3-26、图 3-27）。

图 3-26　打斜孔工具 a              图 3-27　打斜孔工具 b

步骤 03：开孔器（图 3-28）。

步骤 04：台钻开孔（图 3-29）。

图 3-28　开孔器　　　　　　　图 3-29　台钻开孔

注意事项：

① 圆形榫眼可选择用台钻和开孔器制作，方形榫眼可使用开榫机。

② 在本设计中腿是倾斜的，所以榫眼也要倾斜，而且倾角要一致。

③ 需要制作如图的工具（图 3-30）以便开出准确的斜孔。

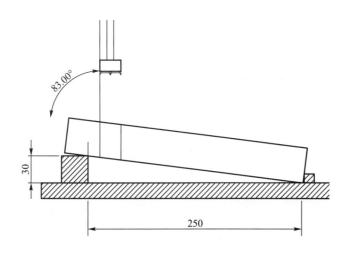

图 3-30　开斜孔工具图纸

（3）腿制作

修圆：

步骤 01：画线（图 3-31）

步骤 02：切角（图 3-32）

视频：

凳腿制作的画线、修图加工与榫头加工技术

图 3-31  划线

图 3-32  切角

步骤 03：八边形（图 3-33）。

步骤 04：继续切角致圆（图 3-34）。

图 3-33  八边形

图 3-34  切角致圆

步骤 05：砂圆（图 3-35）。

步骤 06：完成（图 3-36）。

图 3-35  砂圆

图 3-36  完成

注意事项：

① 圆棍可以用车床进行制作。

② 在本课程中我们选择手工刨切方式制作。

③ 手工修圆木棍，需要不断地切角截面，由四边形变为八边形，十六边形最后变圆（图 3-37）。

④ 每次切角后需要对切角平面进行找平（图 3-38）。

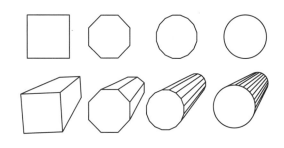

图 3-37　手工修圆步骤

图 3-38　找平

找平需要贯穿于整个切角过程中，每切一个角都要进行找平，保证圆棒的挺直。

找平的方法为：用钢尺立于平面对光观察；用铅笔标注出高点；刨削标注位置。重复这三个步骤直至平面平直（钢尺对光无缝隙）。

榫头制作：

步骤 01：画线（图 3-39）。

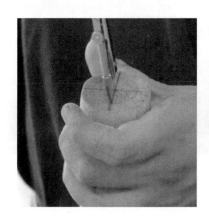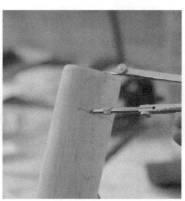

图 3-39　划线

步骤 02：切割（图 3-40、图 3-41）。

步骤 03：修圆（图 3-42）。

注意事项：

① 由于加工精度的问题，榫眼的大小是有变化的，榫头在加工过程中要注意和榫眼对应配对。

② 榫头需要和对应的榫眼保证一定的紧度。

③ 保证榫头截面和圆棒同心，保证榫头的方向与圆棍子的方向一致。（图 3-43）。

4. 配对与安装

斜面配对：

步骤 01：画线（图 3-44）。

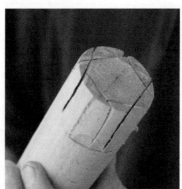

图 3-40  切割 a

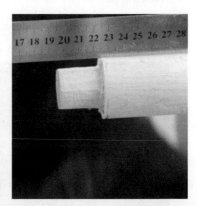

图 3-41  切割 b                 图 3-42  修圆                 图 3-43  方向一致

图 3-44  划线

步骤 02：切割（图 3-45）。

图 3-45  切割

步骤 03：修正（图 3-46）。

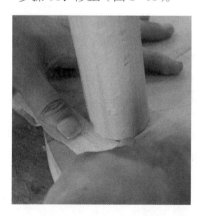

图 3-46  修正

注意事项：

① 把榫头和榫眼安装到位，用一块平整的木块和铅笔绘制出等高线，也就是配对线。

② 切割后重新把榫头和榫眼安装到位，如果有缝隙可以用一张粗砂纸塞入缝隙，砂去高点进行微调。

槽口与楔子：

步骤 01：绘制点位线（图 3-47）。

图 3-47　绘制点位线

步骤 02：绘制槽口线（图 3-48）。

步骤 03：切割槽口（图 3-49）。

步骤 04：木楔子制作（图 3-50）。

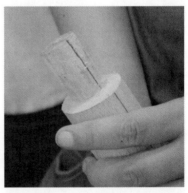

图 3-48　绘制槽口线　　　　　　　　　图 3-49　切割槽口

视频：

木楔子制作与凳面、凳腿
定位组装技术

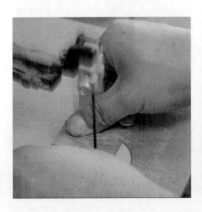

图 3-50　木楔子制作

注意事项：楔子最终要塞入槽口使榫头的头部胀大，楔子的大小和厚度要适中。

组装（图3-51~图3-53）

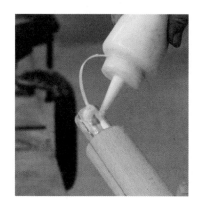 

图3-51　组装a

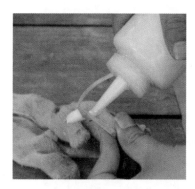  

图3-52　组装b　　　　　　　　　　　　图3-53　组装c

注意事项：

① 楔子要用木榔头砸紧。

② 砸楔子的时候可以从声音上辨别是否塞紧。当听到结实的敲击声说明木楔子已经到位。

5. 后期处理

修高：

步骤01：制作简易等高尺测量各部件高度的一致性（图3-54、图3-55）。

步骤02：画线与切割（图3-56）。

图 3-54　简易等高尺 a

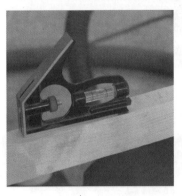

图 3-55　简易等高尺 b

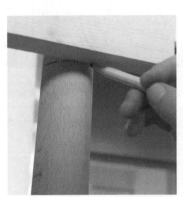

图 3-56　划线与切割

　　注意事项：制作简易等高尺修高：需要保证工作区域地面水平；需要保证画线横杆对平；保证横杆高度和设计图纸一致。修高完成后要检验凳面的水平。

表面打磨：（图 3-57，图 3-58）

图 3-57 表面打磨 a

图 3-58 表面打磨 b

注意事项：

① 倒圆角一定要注意有序性，方法和做圆腿相似。

② 用砂纸打磨时要注意由粗到细的顺序，确保每次打磨掉前一次的加工痕迹。

6. 成品展示

木质高脚凳模型制作效果如图 3-59 所示。

## 3.5 考核与评分标准

1. 学习效果自测

（1）开榫机在木制品加工中有什么用处？使用时应注意哪些要求？

开榫机在木制品加工主要加工榫眼等方孔。使用时要侧身操作，不要面对刀具，进料速度要均匀，不得猛推。短料开榫，必须加垫板压牢，禁止用手握料，长 10 cm 以下木料和有节

图 3-59 木质高脚凳模型

疤的木料，不得上机开榫，1.5 m 以上的木料，必须两人操作。发现刨渣或木片堵塞，要用木棍推出，禁止用手掏。调整刀具位置必须停车进行。

（2）木工扁凿的刃是什么样子的，如何磨制？

木工扁凿为单刃，在磨刀的时候先以斜面贴平磨刀然后背面贴平磨刀。

（3）出开料单据时需要注意什么？核心问题是什么？

开料单要根据图纸中各个木质零件规格进行计算得出，如果材料规格不够零件尺寸需要进行拼接处理。核心问题是根据加工工艺要给适当的余量。

（4）如何打一个斜孔？

圆形榫眼我们选择用台钻和开孔器制作，方榫眼我们使用开榫机。

（5）如何找平切面？

找平的方法为：用钢尺立于平面对光观察；用铅笔标注出高点；刨削标注位置三个步骤。重复这三个步骤直至平面平直（钢尺对光无缝隙）。

（6）我们运用几种自制的简易工具画线，分别是什么？

铅笔、圆规、直尺、角尺。

（7）用砂纸打磨时候要注意什么？

使用砂纸由粗到细的顺序，确保每次砂去前一次的加工痕迹。

2. 模型制作评分标准（表 3-1）

表 3-1　木质高脚凳模型设计与制作评分标准

| 序号 | 项目 | 内容描述与要求 | 分值 | 得分 |
|---|---|---|---|---|
| 1 | 作品评价 | 平面图纸与料单 | 80 | |
| | | 图纸与实物的尺寸对照 | | |
| | | 模型表面光整度 | | |
| 2 | 职业态度 | 工作具有计划性，条理清楚，时间管理观念 | 20 | |
| | | 工作遵守安全事项，爱惜教具及设备 | | |
| | | 学习态度认真主动积极有耐心 | | |
| | | 与教师互动守秩序，工作环境整洁 | | |
| | | 阅读教材外的讲义及推荐材料 | | |
| 3 | | 总得分 | | |

# 任务 4　玻璃钢模型设计与制作——玩偶

## 4.1　任务介绍

本项目重点学习玻璃钢模型（图 4-1、图 4-2）设计与制作方法。训练学生将效果图实物化，通过实体模型来推敲、验证设计方案的形态、体量、比例、结构等；通过设计与制作过程让学生了解玻璃钢树脂（GFRP）的加工工艺及制作步骤；通过掌握这种材料的加工工艺来增强自己的实践能力，在今后的学习中能够灵活运用玻璃钢材料进行创作。

图 4-1　玩偶模型图正面　　　图 4-2　玩偶模型图背面

## 4.2　学习目标

（1）了解陶土制作模型的步骤。

（2）熟悉泥塑工具及使用方法。

（3）了解玻璃钢的种类及适用范围。

（4）了解玻璃钢基本的物理及化学属性。

（5）了解玻璃钢翻模的使用主辅材料及制作工具。

（6）了解玻璃钢模型制作步骤。

## 4.3　设计与制作流程

玻璃钢模型设计与制作流程如图 4-3 所示。

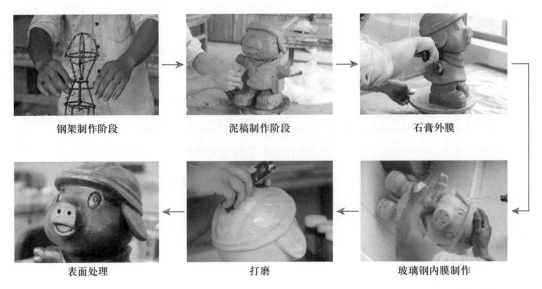

钢架制作阶段　　　　　　　　　泥稿制作阶段　　　　　　　　　石膏外膜

表面处理　　　　　　　　　　　打磨　　　　　　　　　玻璃钢内膜制作

图4-3　玻璃钢模型设计与制作流程图

## 4.4　设计与制作步骤

1. 钢架制作阶段

使用粗细铁丝、钳子、铁钉、木板、电焊机。根据对象的外部造型搭建内部骨架，做到准确、生动、牢固，并且不妨碍上泥（图4-4～图4-9）。

视频：

玩偶模型制作的骨架制作、泥模制作与石膏外模制作技术

图4-4　钢架制作 a

图4-5　钢架制作 b

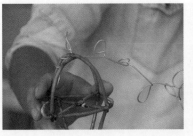

图4-6　钢架制作 c

图4-7　钢架制作 d

图 4-8　钢架制作 e　　　　　　　图 4-9　钢架制作 f

### 2. 泥稿制作阶段

步骤 01：使用红泥、泥塑刀、喷壶、塑料薄膜，根据图纸捏出玩偶的大致形态，以手为主，辅以适当工具（图 4-10~图 4-15）。

图 4-10　捏出大致形态 a　　　　　图 4-11　捏出大致形态 b

图 4-12　捏出大致形态 c　　　　　图 4-13　捏出大致形态 d

图 4-14　捏出大致形态 e　　　　　图 4-15　捏出大致形态 f

步骤 02：在大形基本建好后即可进入细部调整阶段，用泥塑刀依次对玩偶身体的各个部位进行塑形，塑形过程中注意整体与局部的关系，不能喧宾夺主（图 4-16~图 4-48）。

图 4-16　塑形 a　　　　　　　　　　　　　　图 4-17　塑形 b

图 4-18　头部塑形 a　　　　　　　　　　　　图 4-19　头部塑形 b

图 4-20　头部塑形 c　　　　　　　　　　　　图 4-21　头部塑形 d

图 4-22　头部塑形 e　　　　　　　　　　　　图 4-23　头部塑形 f

图 4-24　头部塑形 g

图 4-25　头部塑形 h

图 4-26　头部塑形 i

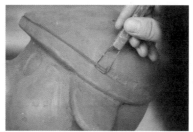

图 4-27　头部塑形 j

图 4-28　头部塑形 k

图 4-29　面部塑形 a

图 4-30　面部塑形 b

图 4-31　面部塑形 c

图 4-32　面部塑形 d

图 4-33　面部塑形 e

图 4-34 面部塑形 f

图 4-35 面部塑形 g

图 4-36 面部塑形 h

图 4-37 面部塑形 i

图 4-38 面部塑形 j

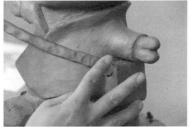

图 4-39 衣衫塑形 a

图 4-40 衣衫塑形 b

图 4-41 衣衫塑形 c

图 4-42 衣衫塑形 d

图 4-43 衣衫塑形 e

图 4-44　衣衫塑形 f

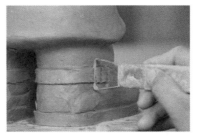

图 4-45　鞋部塑形 a

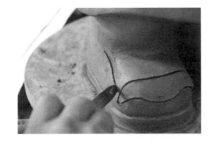

图 4-46　鞋部塑形 b

图 4-47　鞋部塑形 c

图 4-48　塑形完成

3. 石膏外模

使用工具与材料：0.1 mm 塑料插片、橡胶桶、石膏、麻丝、洗衣粉、美工刀。

（1）分模线的定位

步骤 01：做石膏外模之前需先喷洒洗洁精溶液或洗衣粉溶液以便脱模（图 4-49、图 4-50）。

步骤 02：合理安排分模线，避免分模线经过脸及其他重要部位；插片要牢固插入泥模中，插片与插片之间避免有缝隙（图 4-51~图 4-53）。

图 4-49　配制溶液　　　　　　　　　　图 4-50　喷洒溶液

图 4-51　安排分模线　　　　　　　　　图 4-52　插插片

图 4-53　插片间避免缝隙

（2）翻制

使用工具及材料：石膏粉、麻丝、水桶、喷壶、剪刀、美工刀、地板蜡。

步骤 01：调制石膏浆（图 4-54、图 4-55）

图 4-54　调制石膏浆 a　　　　　　　　图 4-55　调制石膏浆 b

注意事项：石膏与水的比例关系

不同用途的模型，膏水比有所不同。旋坯成型模的膏水比为 100 : 80 左右，但由于膏的性质不同，调制用水量也不一样，所以制定工艺指标时，一定要先根据石膏和坯泥的性质确定最适宜的掺水量。在调浆时还要注意正确的搅拌方法。调浆操作时，把定量的熟石膏均匀倒入到预先准备好的水中，放置 2~4 min，然后一直搅拌成不含空气的稀浆，方可灌模。搅拌时间对不同的石膏也不完全相同，如果搅拌时间过长，膏浆就要初凝硬化。因此搅拌动作要快而均匀，还要防止卷进空气。为了减少膏浆中的气泡，现已广泛采用真空搅拌方法来处理石膏浆。

步骤 02：将调制好的石膏浆从下至上用手均匀弹于泥模之上，也可用喷枪将石膏浆喷出，效果更好（图 4-56、图 4-57）。

图 4-56　手弹石膏浆 a　　　　　图 4-57　手弹石膏浆 b

视频：

石膏外模分模与玻璃钢内模制作技术

步骤 03：待第一遍石膏浆八成干时即可以上第二遍石膏，此时将掺入麻丝的石膏浆由底向上均匀地贴在模型上，表面用手抹平压实不能有空隙（图 4-58~图 4-61）。

图 4-58　掺入麻丝 a　　　　　图 4-59　掺入麻丝 b

图 4-60　上第二遍石膏 a　　　　　　　图 4-61　上第二遍石膏 b

步骤 04：待第二遍石膏干后用刀削去分模线边沿多余的石膏使分模线露出，然后用美工刀或记号笔在分模线两侧画线作为将来合模参考线，并小心从合模线部分撬开石膏（图 4-62~图 4-64）。

图 4-62　去多余石膏 a　　　　　　　图 4-63　去多余石膏 b

图 4-64　撬开石膏

步骤 05：清除石膏外模多余的泥及杂质并用泥或石膏浆修补有问题的地方（图 4-65、图 4-66）。

图 4-65　清除余泥及杂质

图 4-66　修补

步骤 06：在石膏外模内用毛刷均匀刷上地板蜡以便于脱模，刷时注意不要刷的太厚以免影响模型细节（图 4-67）。

图 4-67　刷地板蜡

4. 玻璃钢内模制作

步骤 01：调制树脂（图 4-68、图 4-69）

树脂浆一般的配比为：树脂：石粉：催化剂：固化剂＝100：150：2：3，但也可以根据不同的要求或不同的材料及不同的室温做适当的调整，往往要凭个人经验做配比。

树脂浆的浓稀程度取决于生产的可操作性，实心产品与空心产品是略

图 4-68　调制树脂 a

图 4-69　调制树脂 b

有不同的，如若固化慢而且软，大概是促进剂与固化剂的比例不准确造成的；其次，如果在还没刷完树脂浆就开始固化，不是因为浆料太稠，而是固化剂或催化剂过量造成的，与树脂的稀稠没有关系。

步骤02：待搅拌均匀后加入固化剂并搅拌均匀（图4-70、图4-71）。

图4-70 搅拌均匀　　　　　　　　　　图4-71 加固化剂

步骤03：用毛刷将调制好的玻璃钢树脂浆均匀刷至石膏外模里面，注意每个细部都要刷到不留空缺（图4-72）。

图4-72 刷树脂浆

步骤04：待第一遍树脂八九成干后即可刷第二层树脂浆，注意第二遍的树脂浆比第一遍的略厚（图4-73、图4-74）。

图4-73 刷第二遍树脂浆a　　　　　　　图4-74 刷第二遍树脂浆b

步骤05：刷完第二遍树脂浆后即可贴上玻璃纤维布（图4-75~图4-78）。

图4-75　贴玻璃纤维布a　　　　　图4-76　贴玻璃纤维布b

图4-77　贴玻璃纤维布c　　　　　图4-78　贴玻璃纤维布d

步骤06：待第二遍树脂八九成干时刷第三遍树脂浆，注意此时树脂要略稀于第一遍树脂浆（图4-79、图4-80）。

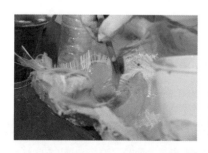 

图4-79　刷第三遍树脂浆a　　　　　图4-80　刷第三遍树脂浆b

步骤07：待第三遍树脂八九成干时候需用美工刀快速除去合模线周边多余的玻璃纤维（图4-81、图4-82）。

步骤08：合模，这一步的树脂浆需要浓稠于第二遍树脂浆。合模时注意对准两半石膏外模上预先画好的合模标志线以防止合模错位（图4-83、图4-84）。

图 4-81　去除多余玻璃纤维 a　　　　图 4-82　去除多余玻璃纤维 b

图 4-83　合模 a

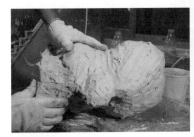  

图 4-84　合模 b

视频：

玻璃钢内模开模加工与
表面处理技术

步骤 09：待树脂浆彻底干后用锤轻轻敲掉石膏外模（图 4-85）。

图 4-85　敲掉石膏外模

5. 打磨

步骤 01：用美工刀或木锉除去分模线上多余的部分（图 4-86）。

步骤02：铜丝刷或钢丝球刷掉粘附在模型上的多余地板蜡（图4-87）。

图4-86　除去分模线上多余部分　　　图4-87　刷掉模型上多余地板蜡

步骤03：在有凹痕的地方需要调制原子灰补平，待原子灰干后再进行打磨（图4-88）。

步骤04：先用180号砂纸粗砂，然后再用240、400、800、1000号砂纸打磨到表面光洁无凹痕备用（图4-89）。

图4-88　原子灰补平　　　　　　　　图4-89　打磨

## 6. 表面处理

步骤01：熟褐色加黑色，然后兑水，此时色浆不能过稠，以涂刷上去后能够略透公仔材料本色为宜，涂刷的时候自上而下，待快干时再用海绵或餐巾纸蘸出肌理（图4-90~图4-93）。

图4-90　刷色浆a　　　图4-91　刷色浆b

图 4-92　刷色浆 c　　　　　　　　　图 4-93　刷色浆 d

步骤 02：刷银色，宜选用干的毛刷不用加水（图 4-94、图 4-95）。

图 4-94　刷银色 a　　　　　　　　　图 4-95　刷银色 b

## 7. 成品（图 4-96～图 4-98）

图 4-96　玩偶模型图 a

图 4-97　玩偶模型图 b

图 4-98　玩偶模型图 c

## 4.5　考核与评分标准

1. 学习效果自测

（1）钢架制作阶段需要注意什么？

根据对象的外部造型搭建内部骨架，做到准确、生动、牢固，并且不妨碍上泥。

（2）泥稿有哪些制作步骤及注意事项？

一是要根据图纸捏出公仔的大致形态；二是对公仔各个部位进行塑形。塑形过程中注意整体与局部的关系，不能喧宾夺主。

（3）石膏外模翻制过程中需要注意什么？

掌握石膏与水用量的配比，控制翻模时间，以免因时间过久造成石膏失效；注意旮旯处也要均匀附上石膏浆。

（4）打磨需要哪些工具？

锉刀、美工刀、砂纸、钢锯、手套。

（5）打磨需要哪些步骤？

一用美工刀或木锉除去分模线上多余的部分；二用铜丝刷或钢丝球刷掉粘附在模型上的多余地板蜡；三在有凹痕的地方需要调制原子灰补平，待原子灰干后再进行打磨；四用各号砂纸打磨到表面光洁无凹痕备用。

## 2. 模型制作评分标准（表 4-1）

表 4-1　玻璃钢模型设计与制作评分标准

| 序号 | 项目 | 内容描述与要求 | 分值 | 得分 |
|------|------|----------------|------|------|
| 1 | 作品评价 | 与临摹的公仔相似度 | 80 | |
| | | 表面处理符合考核标准 | | |
| | | 合模线无明显痕迹 | | |
| | | 各尺寸是否达到合格标准 | | |
| 2 | 职业态度 | 工作具有计划性，条理清楚，时间管理观念 | 20 | |
| | | 工作遵守安全事项，爱惜教具及设备 | | |
| | | 学习态度认真积极有耐心 | | |
| | | 与教师互动守秩序，工作环境整洁 | | |
| | | 阅读教材外的讲义及推荐材料 | | |
| 3 | | 总得分 | | |

## 任务 5   油泥模型设计与制作——速度造型

### 5.1   任务介绍

通过本项目学习油泥模型设计与制作流程，能够具备平面输出、空间定位、实体塑造、空间测量、模型细修、模型涂装、模型修饰等能力，以达到基本掌握油泥模型设计与制作技术的要求（图 5-1、图 5-2）。

图 5-1   速度油泥模型图　　　　　图 5-2   速度油泥上色模型图

### 5.2   学习目标

（1）具备模型空间定位、组装公差、机械制图等能力。

（2）具备三视图绘制能力。

（3）掌握底座制作、基础模具制作、制具制作、检具制作、滑块制作等能力。

（4）掌握油泥造型空间定位、实物测量、基础塑型、实物投影、型态解构等能力。

（5）掌握底漆打磨能力。

（6）掌握调对油漆、单一喷漆、复合喷漆等面漆涂装能力。

（7）具备展板制作、作品发表、公众表达等项目发表能力。

### 5.3   设计与制作流程

油泥设计与制作流程如图 5-3 所示。

### 5.4   设计与制作步骤

1. 空间段面模型制作

根据方案建模的截面尺寸输出图面，制作符合 3D 表面尺寸的空间段面模型，此阶段着重于空间体量感的呈现，常使用于具有座舱环境的大型

视频：

油泥模型速度感造型

（speed form）骨架搭建

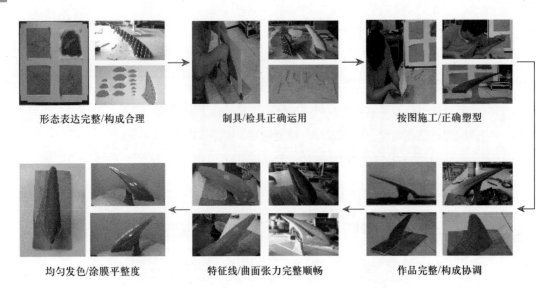

形态表达完整/构成合理　　　制具/检具正确运用　　　按图施工/正确塑型

均匀发色/涂膜平整度　　　特征线/曲面张力完整顺畅　　　作品完整/构成协调

图 5-3　速度造型油泥模型加工流程图

产品，如汽车、船舶、飞机等的前期造型研究。学生制作时需侧重于空间掌握能力的展示、裱版制作技巧，以及数字截面向真实空间截面转换时的能力。

步骤 01：将分割打印的线图予以拼接（图 5-4）。

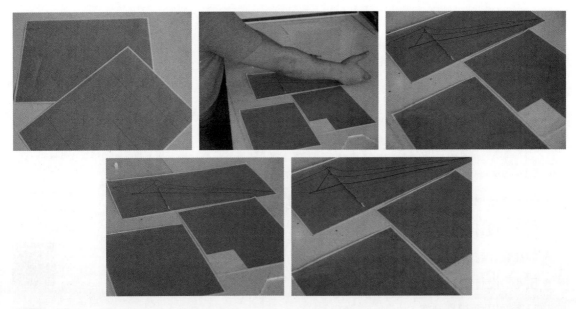

图 5-4　拼接线图

步骤 02：使用喷胶将图面粘覆于合板上（图 5-5）。

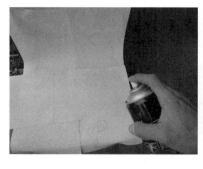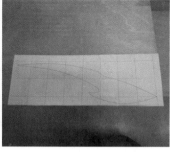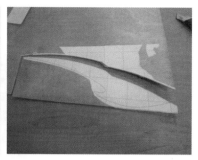

图 5-5　将图面粘覆于合板上

步骤 03：依边界仔细裁切（图 5-6）。

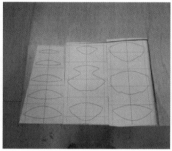

图 5-6　裁切

步骤 04：依序裁切 $X$ 轴断面型板（图 5-7）。

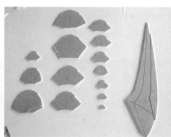

图 5-7　裁切断面型板

步骤 05：裁切出插槽、组立（图 5-8）。

图 5-8　裁切插槽、组立

步骤 06：表达空间形态（图 5-9）。

图 5-9　表达空间形态

注意：组合的精密度考验木材加工的精准度，组装间隙公差的观念需要在制作过程中掌握。由于基本由刀具切削工序完成加工，需特别注意用刀时的安全，避免刀伤意外的发生。

2. 三视图展板制作

产品开发过程完整地考核学生裱版制作能力及工程制图能力。这是设计从业人员的必备技能，也考核学员计算机辅助设计能力。

步骤 01：将分割列印的线图予以拼接核对尺寸及定位（图 5-10）。

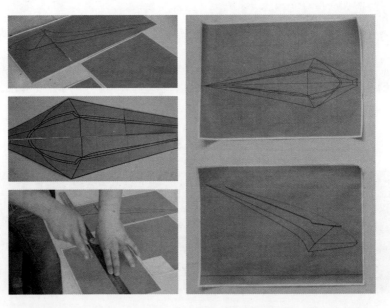

图 5-10　拼接、核对尺寸及定位

步骤 02：使用固体胶将图面结合（图 5-11）。

图 5-11　结合图面

步骤 03：版面配置，需将三视图定位精准（图 5-12）。

步骤 04：以喷胶固定在看板上（图 5-13）。

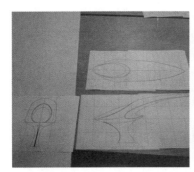
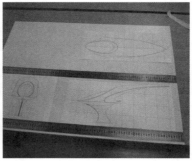

图 5-12　版面配置　　　　　　　　　图 5-13　喷胶固定

步骤 05：加上边框及手绘完成（图 5-14）。

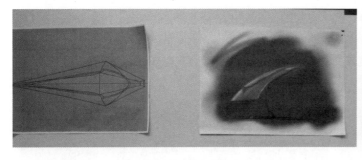
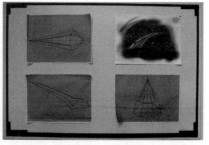

图 5-14　完成展板

裱板制作侧重平面制作技巧，平整度及加工精准度，作品整洁度都可衡量出平面应用制作的能力及工作态度。

3. 地台及型板制作

标准平台及型板制具是产品造型不可缺少的范例，尺寸及定位的建立彰显的是工业化的程度。

步骤 01：裁切 18 mm 合板制作出 300 mm×500 mm 的地台（图 5-15）。

步骤 02：贴覆上 3 mm 的合板制作出中央支架导槽（图 5-16）。

图 5-15　裁切合板　　　　　　　　　　　　　　　　图 5-16　制作中央支架导槽

步骤 03：依模型定位在地台上绘制出百格线（图 5-17）。

图 5-17　绘制百格线

步骤 04：将含支架的侧视图贴在 18 mm 的合板上（图 5-18）

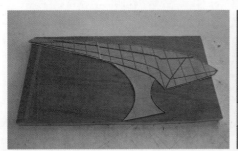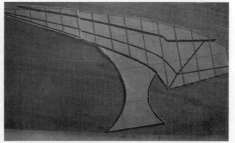

图 5-18　贴上侧视图

步骤 05：裁切断面并修整边线至线内（图 5-19）。

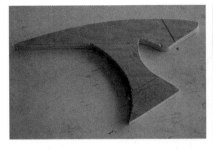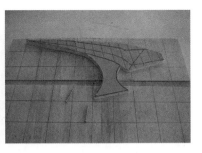

图 5-19　裁切断面并修整边线

步骤 06：完成支架与地台的定位并被锁螺丝予以结合（图 5-20）。

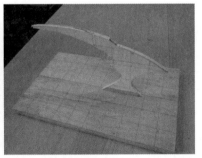

图 5-20　完成支架与地台的定位

步骤 07：实体测量支架上的参考线确保型板与地台的定位（图 5-21）。

图 5-21　实体测量参考线

步骤 08：确认定位的侧视图贴覆在 3 mm 合板以上制作 $Y0$ 型板内取的方法示范，此法通用所有材料及加工形式（图 5-22）。

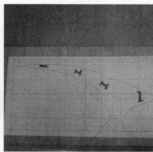
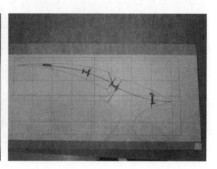

图 5-22　制作 $Y0$ 型板

步骤 09：完成 $Y0$ 型板后分割出 $X$ 轴向的滑块（图 5-23）。

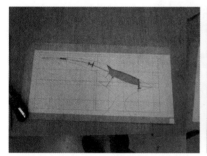
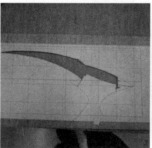
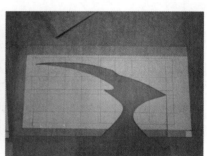

图 5-23　分割滑块

步骤 10：$Z0$ 型板的制作（图 5-24）。

步骤 11：确认定位后粘贴 $X1{\sim}X4$ 断面型板（图 5-25）。

步骤 12：依序完成并确认定位、参考线匹配无误（图 5-26）。

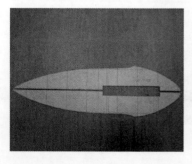

图 5-24　制作 $Z0$ 型板　　　　　　图 5-25　粘贴断面型板　　　　　　图 5-26　确认无误

### 4. PU 及油泥大型

设计塑形的制作，着重于灵活使用图面及制具型板，验收前阶段生产模具学习知识的吸收状况。

步骤 01：依据上视图使用热熔胶贴覆上适当厚度的 PU，PU 与合板的接合面需打磨成平面以增加结合力（图 5-27）。

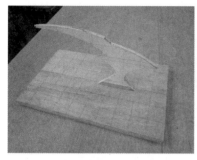

图 5-27 贴覆 PU

步骤 02：依据空间模型切削出正确的侧视形态（图 5-28）。

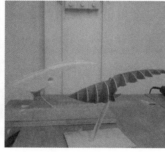

图 5-28 切削出侧视形态

步骤 03：顺序打磨 PU 以符合上视图形态（图 5-29）。

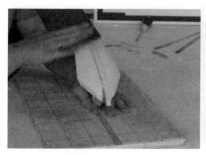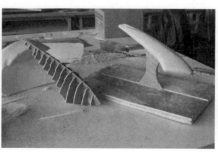

图 5-29 打磨 PU

视频：

油泥模型速度感造型
（speed form）大型塑造

步骤 04：形态细节的呈现，PU 内胚尺寸需小于原尺寸 3 mm（图 5-30）。

图 5-30　形态细节的呈现

步骤 05：依据草图堆叠上油泥，各视图的外观都须符合要求（图 5-31）。

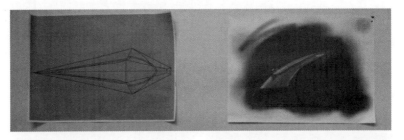

图 5-31　堆叠油泥

步骤 06：以油泥工具呈现外观及细节（图 5-32），YO 型板的应用（图 5-33）。

步骤 07：油泥大型（nearly state）完成（图 5-34）。

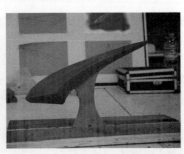

图 5-32　呈现外观及细节　　　　图 5-33　YO 型板的应用　　　　图 5-34　完成油泥大型

### 5. 油泥造型

工业油泥造型实务，利用前两阶段所制作的型板制具忠实地呈现出数字模型建构的形态。重点在于精准的呈现所有造型细节以供数据研讨。此阶段不容许任何设计变更。

步骤 01：在油泥大型上以 $Y0$ 型板精确的投影出中心线断面，在型板两侧填补油泥后以刮刀刮出型板边界（图 5-35）。

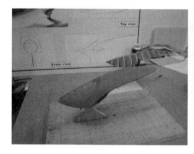

图 5-35　以 $Y0$ 型板投影出中心线断面，刮出型板边界

步骤 02：依序架上 $X1$ 型板，取出 $X1$ 精确的断面（图 5-36）。

步骤 03：顺序取出 $X1\sim X4$ 的断面（图 5-37）。

图 5-36　架上 $X1$ 型板，取出断面　　　　　　图 5-37　顺序取出 $X1\sim X4$ 断面

步骤 04：$Z0$ 型板在定位时的用法（图 5-38）。

图 5-38　$Z0$ 型板的用法

步骤 05：在各断面线间堆叠上足够造型的油泥（图 5-39）。

图 5-39　堆叠油泥

步骤 06：修整出模型的表面（图 5-40）。

步骤 07：以 Z0 型板投影出上视图轮廓线（图 5-41）。

图 5-40　修整出表面

图 5-41　以 Z0 型板投影出轮廓线

步骤 08：以线胶定义出各特性线（图 5-42）。

步骤 09：Y0 滑轨取出朝地侧的中心端面（图 5-43）。

图 5-42　定义出各特性线

图 5-43　取出中心端面

步骤10：完成左侧外观（图5-44）。

图5-44　完成左侧外观

步骤11：运用型板对称出右侧外观（图5-45）。

图5-45　对称出右侧外观

课程推进时侧重于所有量测工具／辅具的整合应用，务求平面／数模／油泥模型所有数据一致同调。这是产品设计行业模型制作时至关重要的职业素养与技能。

6. 造型调整／对称

这是产品造型设计最重要的核心环节，是设计师之所以能形成设计的职能展现。人们对物体的认知依序为：1. 形态；2. 颜色；3. 线条；4. 文字（或符号）。要传达感觉的话，四者都有其重要性；形态牵扯到体（形状）和面（调性）；线条牵扯到比例和走势。本项目以调性与走势为示范（图5-46）。

视频：

油泥模型速度感造型

（speed form）细节塑造

图5-46　速度模型调性与走势

步骤 01：斑马线检测为验证面的调性的常用工具，依其疏密、间距曲折方向，即可判定面的调性（图 5-47~图 5-51）。

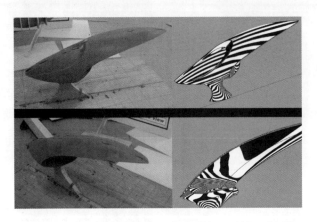

图 5-47　斑马线检测可判定面的调性 a

图 5-48　斑马线检测可判定面的调性 b

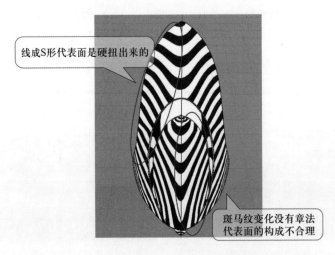

图 5-49　斑马线检测可判定面的调性 c

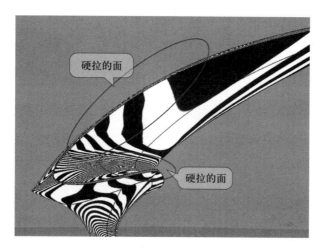

图 5-50　斑马线检测可判定面的调性 d

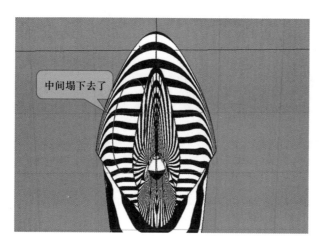

图 5-51　斑马线检测可判定面的调性 e

步骤 02：图 5-52 为调整过后的造型、图 5-53 为原始造型（经镜像调整以利比对）。

图 5-52　调整后造型

图 5-53　原始造型

步骤 03：调整前后各视角比对——角度一（图 5-54、图 5-55）。

图 5-54　调整前（1）　　　　　　　　　　图 5-55　调整后（1）

步骤 04：调整前后各视角比对——角度二（图 5-56、图 5-57）。

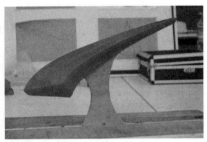

图 5-56　调整前（2）　　　　　　　　　　图 5-57　调整后（2）

步骤 05：调整前后各视角比对——角度三（图 5-58）。

步骤 06：将地板的百格线投影到模型表面，测量上视轮廓线的 $YZ$ 轴尺寸（图 5-59）。

图 5-58　对比图　　　　　　　　　图 5-59　投影百格线，测量 $YZ$ 轴尺寸

步骤 07：点对称至领一侧，并切削出上视轮廓（图 5-60）。

图 5-60　点对称至领一侧，削出轮廓

步骤 08：将测试轮廓线标绘出并切削出大形（图 5-61）。

图 5-61　标绘轮廓线削出大形

步骤 09：使用排尺将各断面线对称到另一侧（图 5-62）。

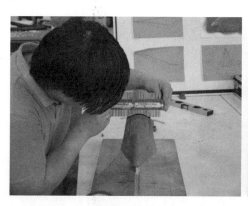

图 5-62　对称各断面线

步骤 10：细修特性线，完成对称（图 5-63）。

步骤 11：设计方案汇报（图 5-64）。

图 5-63　细修特性线

图 5-64　设计方案汇报

视频：

油泥模型速度感造型（speed form）喷漆表面处理

### 7. 底漆打磨

在产品设计中，仿真模型是必需工序，也是产品开发程序中试量产与色彩计划时的必备程序。

步骤 01：使用风枪吹去模型表面的碎屑（图 5-65）。

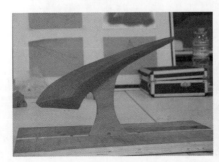

图 5-65　吹去碎屑

步骤 02：遮盖底台（图 5-66）。

步骤 03：喷枪功能解说（图 5-67）。

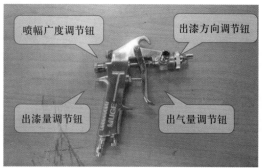

图 5-66　遮盖底台

图 5-67　喷枪功能解说

步骤 04：底漆调制需要用具（图 5-68）。

步骤 05：依 1∶1 调制底漆及稀释剂，第一道底漆可调灰色，可调入清漆增加涂模硬度以防开裂（图 5-69）。

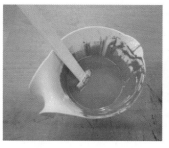

图 5-68　底漆调至用具

图 5-69　1∶1 调至底漆及稀释剂

步骤 06：将模型放置于喷漆旋转台（图 5-70）。

步骤 07：喷涂底漆（图 5-71）。

图 5-70　将模型放置于喷漆旋转台

图 5-71　喷涂底漆

步骤 08：喷涂时需依据工件面大小走势随时调整漆量、气量、幅宽、距离，最好于喷涂前模拟推演过再进行喷涂（图 5-72）。

图 5-72　随时调整漆量、气量、幅宽、距离

步骤 09：喷涂完成后模面呈现湿润状，待静置 20 分钟后溶剂挥发，呈亚光的干燥状态（图 5-73）。

图 5-73　溶剂挥发前后对比

步骤 10：初次打磨建议干磨以求排屑顺畅（图 5-74）。研磨工序为先依工件面主走势的 U 向量曲线研磨（图 5-75）。

图 5-74　初次打磨　　　　　　　　　　　　图 5-75　依 U 向量曲线研磨

步骤 11：静置 20 分钟后溶剂挥发（图 5-76）。

步骤 12：研磨一遍后喷涂底漆检查细节（图 5-77）。

图 5-76　溶剂挥发　　　　　　　　　　　　　　　图 5-77　喷涂底漆

步骤 13：第一次研磨针对大面平顺度；第二次针对线条及细节
（图 5-78）。

步骤 14：重复细修及检测，直到表面达到喷漆状态（图 5-79）。

图 5-78　第二次研磨针对线条及细节　　　　　　　图 5-79　重复细修及检测

8. 面漆涂装

产品呈现的最终效果，面漆涂装的重要程度不言而喻。

步骤 01：打磨表面细节至准喷漆状态，静置完全干燥（图 5-80）。

步骤 02：调和面漆与稀释剂比约 1∶2（金属漆需要稀释以利于发色）
（图 5-81）。

图 5-80　完全干燥　　　　　　　　　　　　　　　图 5-81　调和面漆与稀释剂

步骤 03：面漆涂装（涂模均匀不然会影响发色）程序一样为第一道干喷、第二道湿喷（图 5-82）。

图 5-82　面漆涂装

步骤 04：涂装完成后静置 20 分钟以上，以使涂料完全干燥（图 5-83）。

步骤 05：调和精油，主剂、硬化剂比 2∶1（图 5-84），两种剂调和后才能添加稀释剂，比例因涂抹状况而异（图 5-85）。

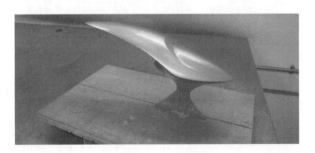

图 5-83　涂料完全干燥

图 5-84　调和精油

图 5-85　稀释剂

步骤 06：喷精油程序为第一道干喷、第二道湿喷（图 5-86）。

步骤 07：待精油干燥，时间为 8~12 小时，将支架及底台喷黑，即完成作品（图 5-87）。

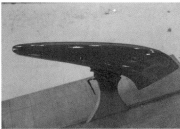

图 5-86　喷精油

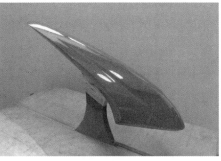

图 5-87　速度造型油泥模型

## 5.5　考核与评分标准

1. 学习效果自测

（1）一般选用什么样的画线工具？

水果刀等小型刀具。

（2）三视图使之模型的哪三个视图？

正视图、侧视图、俯视图。

（3）验证面的调性的常用工具。

斑马纹。

（4）修整表面一般用什么工具？

刮板。

（5）裱板制作侧重什么？

平面实作技巧，平整度，施工精准度以及作品整洁度；以上可衡量出学员平面应用实作的能力及工作态度。

（6）型板制作用什么修整表面？

木工刨刀和砂纸。

（7）油泥造型呈现出数字模型建构的型态，要利用哪几种型板制？

$Y0$ 型板、$Z0$ 型板。

（8）人对物体的认知依序。

形态、颜色、线条、文字（或符号）等。

（9）喷精油的程序。

第一道干喷，第二道湿喷。

（10）调漆的步骤有哪些?

首先，按比例放置油漆；其次，将稀释液放入油漆中，将油漆稀释；将调制到的油漆刷在纸面上与 PANTONE 色卡进行对比，确认无误后再装入喷枪；试喷在色板上；再次确认后，喷涂完成。

2. 模型制作评分标准（表5-1）

表5-1　油泥速度模型设计与制作评分标准

| 序号 | 项目 | 单项描述 | 分值 | 得分 |
|---|---|---|---|---|
| 1 | 作品评价 | 设计流程完整度 | 80 | |
| | | 型态传达 | | |
| | | 作品完成度 | | |
| | | 互动态度 | | |
| 2 | 职业态度 | 工作具有计划性，条理清楚，时间管理观念 | 20 | |
| | | 工作遵守安全事项，爱惜教具及设备 | | |
| | | 学习态度认真积极有耐心 | | |
| | | 与教师互动守秩序，工作环境整洁 | | |
| 3 | | 总得分 | | |

手板样机模型是指根据产品设计的外观图或结构图制作出来的产品样板或产品模型，用来检测和评审外观、机构的合理性，也用于向市场提供样品，这样通过市场检验满意后或经过修改使市场满意后再开模进行批量生产。目前运用 CNC 技术为主的手板样机模型制作已经成为一个行业，是手板制造业的主流。我们在工业设计行业内提到的手板一般都是指用 CNC 数控加工制作完成的手板模型。本章选取了曲面手板模型、复杂组合手板模型、综合手板模型等三个代表性模型制作案例来讲解手板模型设计与制作方法。

# 手板模型
# 设计与制作篇

# 任务6   曲面模型设计与制作——灯具

## 6.1   任务介绍

本项目重点学习灯具的外观手板模型制作要领以及加工注意事项（图6-1、图6-2）。希望通过本项目的学习，能够让大家理解手板模型的加工流程与方法，掌握 PANTONE 色卡的使用、曲面形态模型的分析拆分方法、多种材质模型的加工要求，后期表面处理与喷漆等的制作要领。

图 6-1   灯具效果图　　　　　　图 6-2   灯具模型图

## 6.2   学习目标

（1）理解手板模型的加工制作流程。

（2）掌握手板模型中由不同材质部件组成的产品加工文件整理要领和要求。

（3）学会查询 PANTONE 色卡并进行多种材质的 CMF 图示文件制作。

（4）理解曲面形态多部件产品的拆图要领与制作方法。

（5）理解 CNC 数控编程与加工的原理与流程。

（6）掌握 ABS 材质曲面形态模型的手工表面处理方法。

（7）理解喷漆的制作加工方法。

## 6.3   设计与制作流程

灯具手板设计与制作流程如图6-3所示。

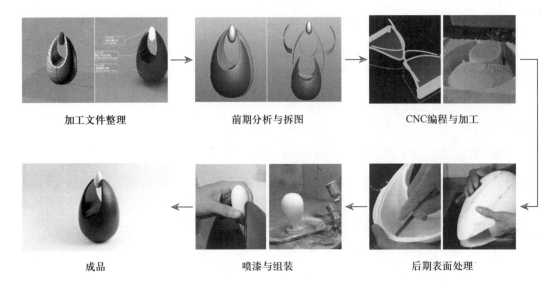

| 加工文件整理 | 前期分析与拆图 | CNC编程与加工 |

| 成品 | 喷漆与组装 | 后期表面处理 |

图 6-3　灯具手板模型加工流程图

## 6.4　设计与制作步骤

### 1. 加工文件整理

本项目中，灯具由两个不同的部分组成，分别是灯具主体和灯泡，其中灯具主体部分由红色和黑色两个不同颜色的部分组成，所以在 Rhino 文件中需要根据颜色和功能将文件组合成三个实体部分（图 6-4）。

视频：

灯具加工文件整理

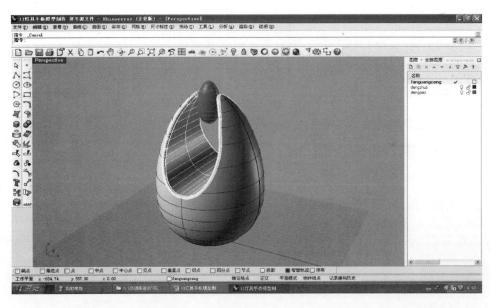

视频：

使用 Adobe Illustrator 制作灯具 CMF 文件

图 6-4　灯具 Rhino 文件

本项目的 CMF 图示文件可用灯具效果图进行标注。在手板制作当中，根据实际需要，一些部件可以用其他材料模仿真实效果，这样的方式尤其在外观手板模型当中常见。本项目中的灯泡部分可以用 ABS 材料喷涂白色高光效果模仿灯泡效果。灯具主体部分由红色表面磨砂效果的底部和黑色高亮效果的上部组成。其中这两种颜色需要查阅 PANTONE 色卡确定颜色代码，并标注在图示文件上。图示文件可以用平面软件完成，本项目中采用 Illustrator 文件进行标注（图 6-5）。

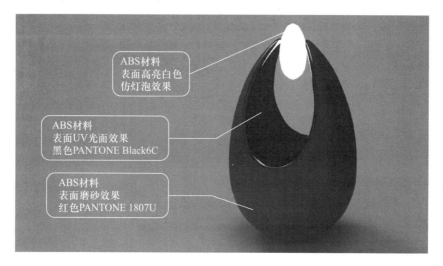

ABS材料
表面高亮白色
仿灯泡效果

ABS材料
表面UV光面效果
黑色PANTONE Black6C

ABS材料
表面磨砂效果
红色PANTONE 1807U

图 6-5　灯具 CMF 图示文件

## 2. 前期分析与拆图

步骤 01：将灯具 Rhino 文件转存成 stp 通用工程格式文件（图 6-6）。

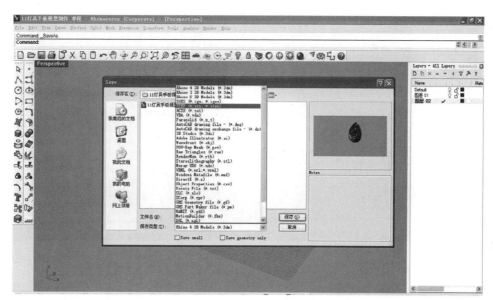

视频：

使用 Creo 进行
灯具 3D 图档的
分析与拆图工作

图 6-6　转存 stp 通用工程格式

步骤 02：在 Creo 中将转存好的文件打开（图 6-7）。

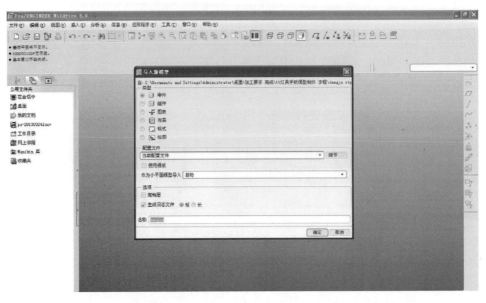

图 6-7　在 Creo 中打开文件

步骤 03：在新建窗口中打开灯泡部件并保存（图 6-8）。

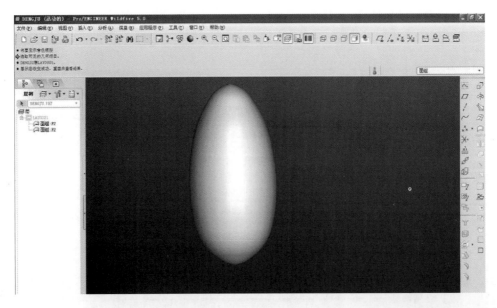

图 6-8　保存灯泡部件

步骤04：在新建窗口中打开灯体黑色嵌件部分（图6-9）。

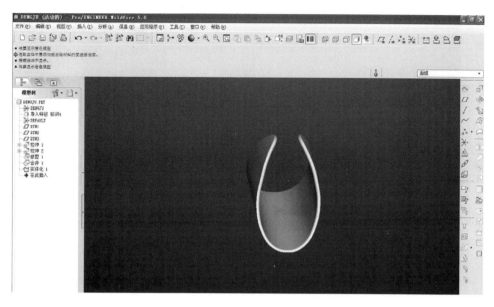

图6-9　打开灯体黑色嵌件

步骤05：将嵌件拆分成两个部分并保存（图6-10）。

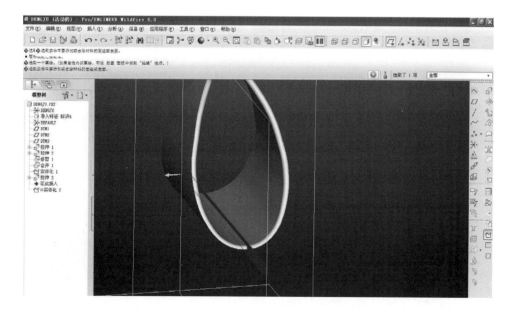

图6-10　拆分保存

步骤 06：打开灯具主体（图 6-11）。

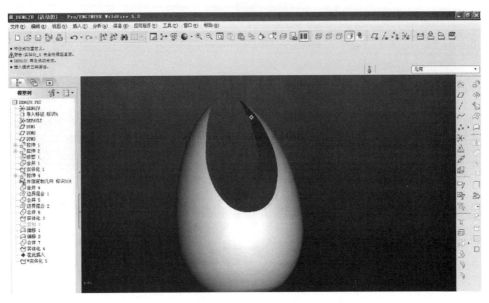

图 6-11  打开灯具主体

步骤 07：绘制拉伸路径（图 6-12）。

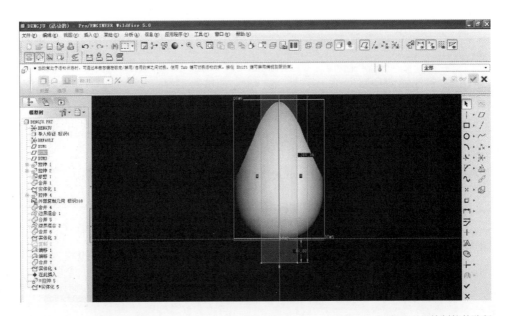

图 6-12  绘制拉伸路径

步骤 08：拉伸出实体，拾取并绘制装配接口定位线（图 6-13）。

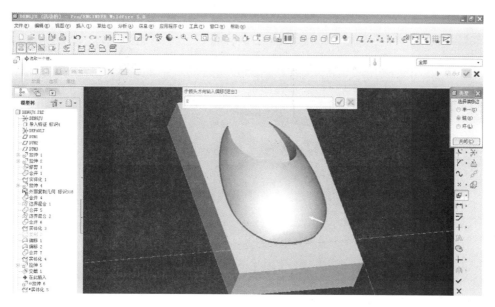

图 6-13　拉伸出实体

步骤 09：利用拉伸制作接口定位（图 6-14）。

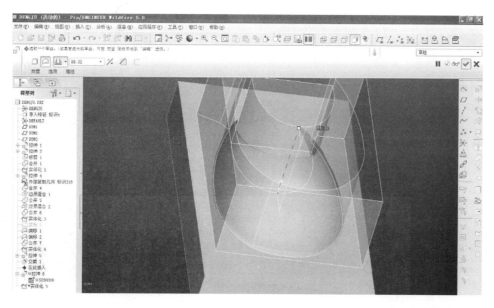

图 6-14　制作接口定位

步骤 10：将部件进行拆分并保存（图 6-15）。

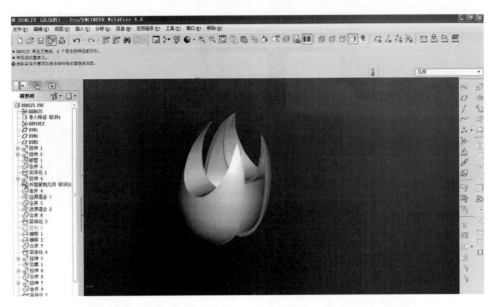

图 6-15　拆分保存

步骤 11：新建组件文件，将拆分好的部件组装好（图 6-16）。

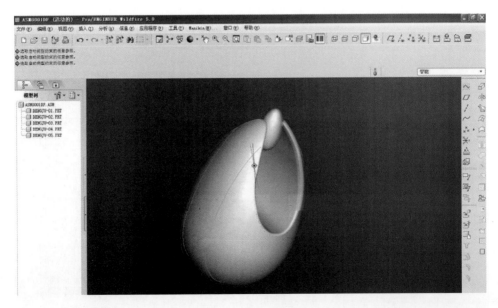

图 6-16　组装部件

步骤 12：将各个部件进行颜色区分，保存组件（图 6-17）。

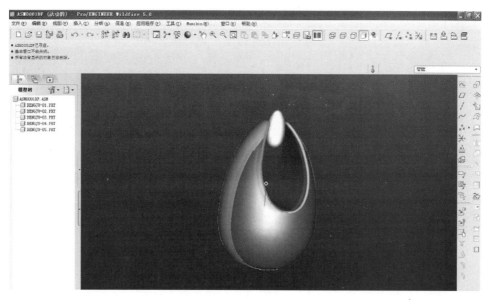

图 6-17　区分颜色并保存

### 3. CNC 编程与加工

### （1）CNC 编程

步骤 01：将拆分好的灯具 Creo 文件转存成 Mastercam 可以识别的 IGS 文件（图 6-18）。

视频：

使用 Mastercam 编写灯具主体拆分正面 CNC 加工程序

视频：

使用 Mastercam 编写灯具主体拆分反面 CNC 加工程序

图 6-18　转存 IGS 文件

步骤 02：在 Mastercam 中打开灯具 IGS 文件（图 6-19）。

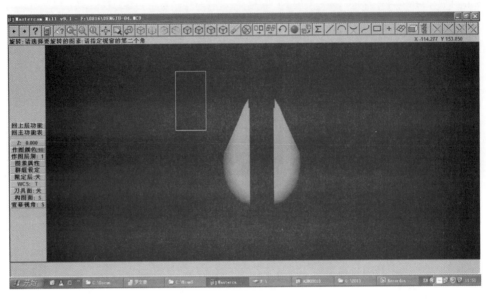

图 6-19　打开灯具 IGS 文件

步骤 03：调整灯具主体上下两个拆分件的角度并移动部件至同一平面（图 6-20）。

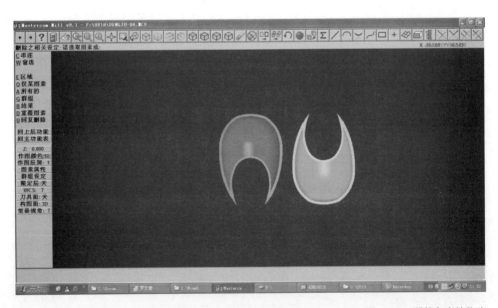

图 6-20　调整角度并移动

步骤 04：绘制加工材料毛坯尺寸并制作定位基准（图 6-21）。

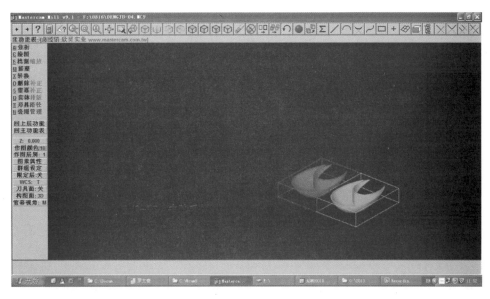

图 6-21　绘制尺寸制作定位基准

步骤 05：拾取边界路径，制作分模面（图 6-22）。

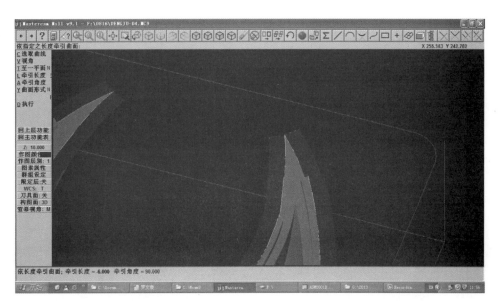

图 6-22　制作分模面

步骤 06：将路径偏移出粗路径和精修路径（图 6-23）。

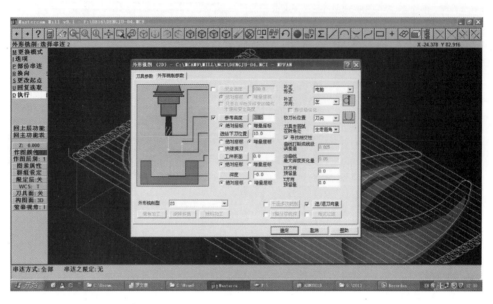

图 6-23　偏移出粗路径和精修路径

步骤 07：编写加工粗路径并定位刀路（图 6-24）。

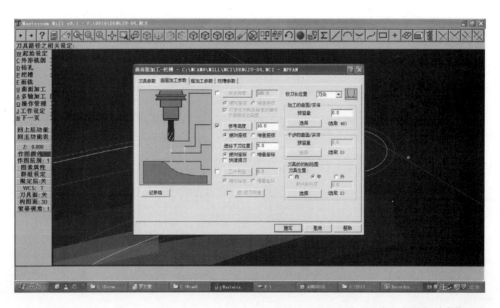

图 6-24　编写加工粗路径并定位刀路

步骤 08：编写精修刀路（图 6-25）。

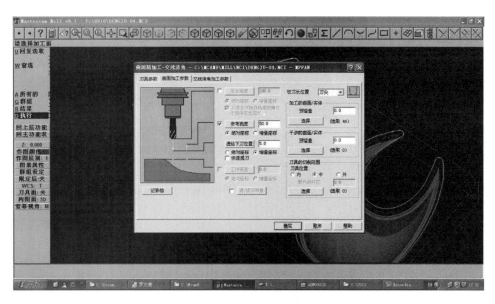

图 6-25 编写精修刀路

步骤 09：模拟计算刀路（图 6-26）。

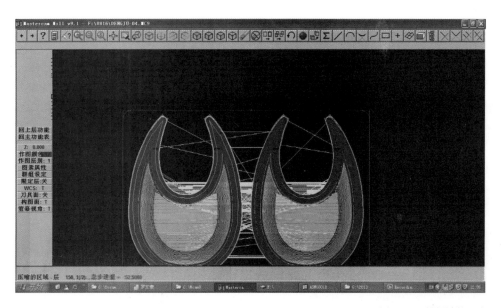

图 6-26 模拟计算刀路

步骤 10：实体切削验证并检查是否有过切（图 6-27）。

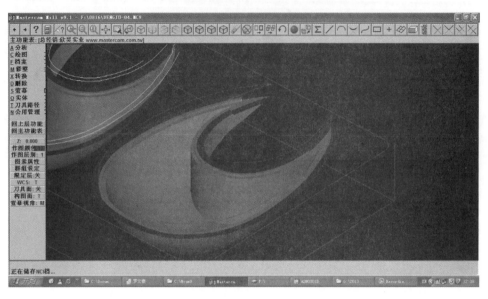

图 6-27　实体切削验证

步骤 11：选取中心点并旋转部件（图 6-28）。

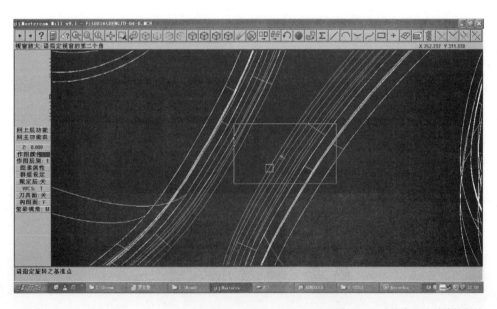

图 6-28　选取中心点并旋转部件

步骤 12：保存编写好的文件（图 6-29）。

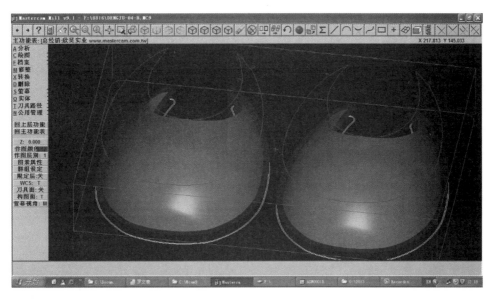

图 6-29　保存文件

步骤 13：在 Mastercam 中打开灯具主体中间部件 IGS 文件（图 6-30）。

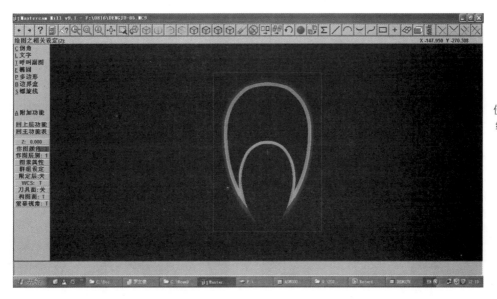

视频：

使用 Mastercam
编写灯具主体中
部拆分件 CNC
加工程序

图 6-30　打开主体中间部分 IGS 文件

步骤 14：制作定位基准（图 6-31）。

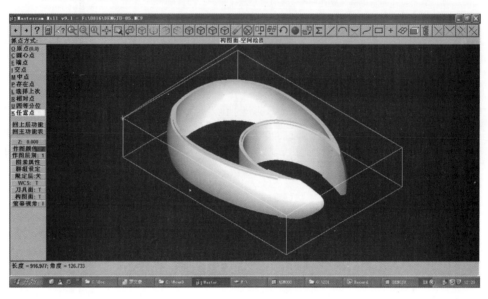

图 6-31　制作定位基准

步骤 15：将路径偏移出粗路径和精修路径（图 6-32）。

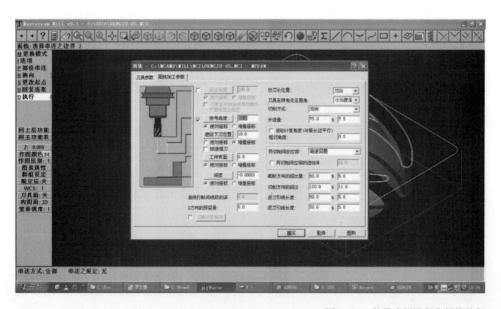

图 6-32　偏移出粗路径和精修路径

步骤16：编写刀路（图6-33）。

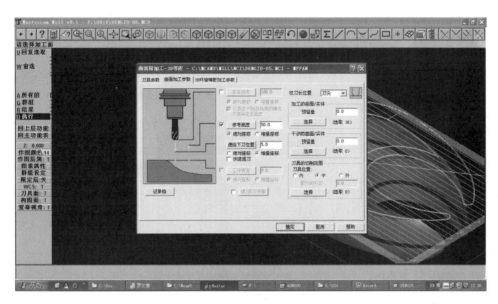

图6-33　编写刀路

步骤17：串联刀路（图6-34）。

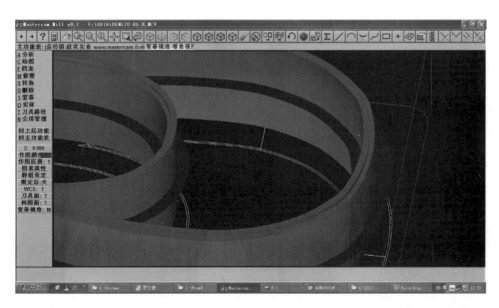

图6-34　串联刀路

步骤 18：保存编写好的文件（图 6-35）。

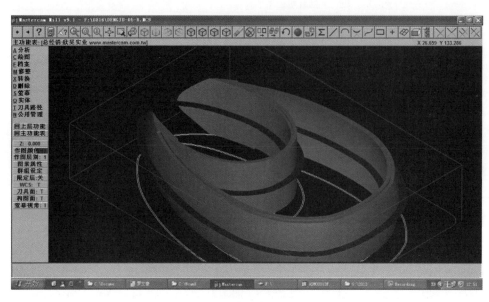

图 6-35　保存文件

步骤 19：将灯泡的 Creo 文件转存为 Mastercam 可以识别的 IGS 文件（图 6-36）。

视频：

使用 Mastercam
编写灯具灯泡
CNC 加工程序

图 6-36　转存为 Mastercam 可识别的 IGS 文件

步骤20：编写刀路（图6-37）。

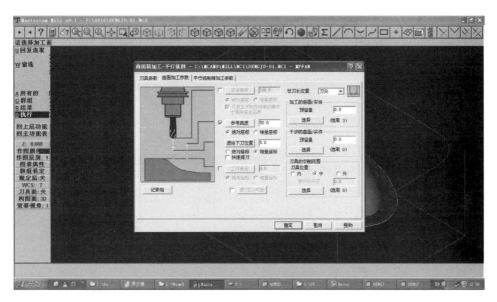

图6-37　编写刀路

步骤21：保存编写好的文件（图6-38）。

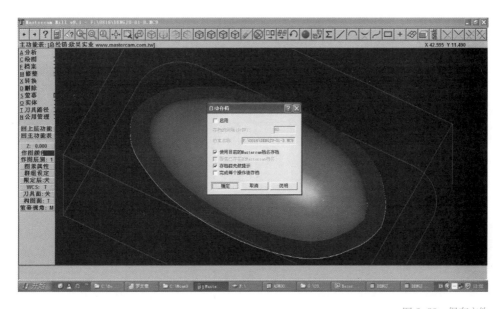

图6-38　保存文件

步骤 22：将拆分好灯具黑色嵌件的 Creo 文件转存成 Mastercam 可以识别的 IGS 文件（图 6-39）。

图 6-39 转存可识别的 IGS 文件

步骤 23：编写刀路（图 6-40）。

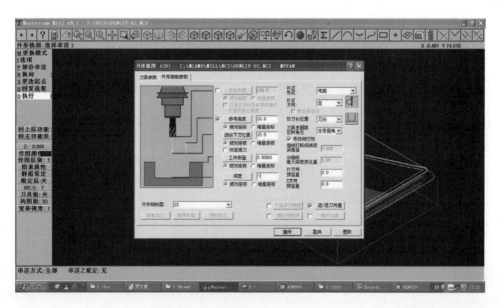

图 6-40 编写刀路

步骤 24：保存编写好的文件（图 6-41）。

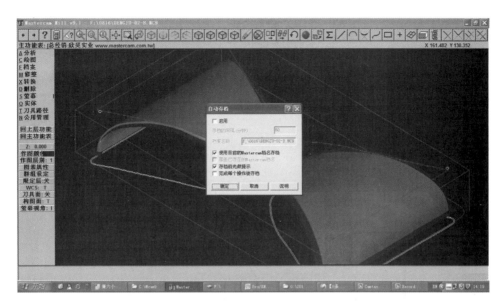

图 6-41　保存文件

（2）CNC 加工

步骤 01：根据灯具主体中间部件的加工要求切割 ABS 板材（图 6-42）。

步骤 02：用 502 胶将板材固定在加工台面上（图 6-43）。

视频：

使用 CNC 加工
中心进行灯具主
体拆分件加工

图 6-42　切割 ABS 板材　　　　　　　　图 6-43　固定板材

步骤 03：根据加工要求安装开粗刀具（图 6-44）。

步骤 04：Z 轴定位（图 6-45）。

图 6-44　安装开粗刀具　　　　　　　　图 6-45　Z 轴定位

步骤 05：进行粗加工（图 6-46）。

步骤 06：将开粗刀具更换成精修刀具（图 6-47）。

图 6-46　粗加工　　　　　　　　　　　　　　图 6-47　更换刀具

步骤 07：进行精加工（图 6-48）。

步骤 08：更换刀具（图 6-49）。

图 6-48　精加工　　　　　　　　　　　　　　图 6-49　更换刀具

步骤 09：去除废料（图 6-50）。

步骤 10：取下加工件（图 6-51）。

图 6-50　去除废料　　　　　　　　　　　　　图 6-51　取下加工件

步骤 11：在加工件加工的一面浇注石膏（图 6-52）。

步骤 12：在 CNC 加工台面上切割出定位线（图 6-53）。

图 6-52　浇注石膏　　　　　　　　　图 6-53　切割定位线

步骤 13：粘贴定位 ABS 卡片（图 6-54）。

步骤 14：切割出定位卡口（图 6-55）。

图 6-54　粘贴定位 ABS 卡片　　　　　图 6-55　切割定位卡口

步骤 15：将加工件固定在加工台面上（图 6-56）。

步骤 16：进行粗加工（图 6-57）。

图 6-56　固定加工件　　　　　　　　图 6-57　粗加工

步骤 17：进行精修加工（图 6-58）。

步骤 18：铣边角（图 6-59）。

图 6-58　精修加工　　　　　　　　图 6-59　铣边角

步骤 19：取下加工件（图 6-60）。

步骤 20：灯具主体中间部件加工完成（图 6-61）。

图 6-60　取下加工件　　　　　图 6-61　主体中间部件加工完成

步骤 21：根据加工要求安装刀具进行加工（图 6-62）。

步骤 22：去除废料（图 6-63）。

图 6-62　安装刀具加工　　　　　　　图 6-63　去除废料

步骤 23：在加工件加工的一面浇注石膏（图 6-64）。

步骤 24：进行反面加工（图 6-65）。

图 6-64　浇注石膏　　　　　　　　　图 6-65　反面加工

步骤 25：取下加工件（图 6-66）。

步骤 26：灯具主体左右两个件加工完成（图 6-67）。

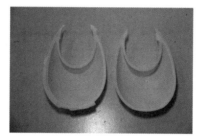

图 6-66　取下加工件　　　　　　　　图 6-67　灯具主体完成

步骤 27：根据加工要求进行正面加工（图 6-68）。

步骤 28：在加工件加工的一面浇注石膏（图 6-69）。

视频：

使用 CNC 加工中心进行灯具装饰件与灯泡加工

图 6-68　正面加工　　　　　　　　　图 6-69　浇注石膏

步骤 29：安装刀具进行反面加工（图 6-70）。

步骤 30：取下灯具黑色嵌件，加工完成（图 6-71）。

 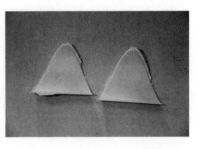

图 6-70　安装刀具加工反面　　　　　　　　　图 6-71　灯具嵌件完成

步骤 31：根据加工要求进行正面加工（图 6-72）。

步骤 32：在加工件加工的一面浇注石膏（图 6-73）。

图 6-72　正面加工　　　　　　　　　　　　　　图 6-73　浇注石膏

步骤 33：进行反面加工（图 6-74）。

步骤 34：灯泡 CNC 加工完成（图 6-75）。

图 6-74　反面加工　　　　　　　　　　　　　　图 6-75　灯泡 CNC 完成

视频：

使用砂纸和刮刀进行灯
具拆分件后期手工修正
与组装工作

### 4. 后期表面处理

步骤 01：手工去除灯具主体部分的 CNC 加工毛刺（图 6-76）。

步骤 02：修正装配槽，用 502 胶进行灯具主体的初组装（图 6-77）。

图 6-76　去除毛刺　　　　　　　　图 6-77　主体初组装

步骤 03：用 502 胶蘸牙粉修补接缝（图 6-78）。

步骤 04：用锉刀打磨修整接缝处（图 6-79）。

图 6-78　修补接缝　　　　　　　　图 6-79　打磨修整接缝

步骤 05：制作灯泡的定位槽（图 6-80）。

步骤 06：完成灯具初组装（图 6-81）。

图 6-80　制作定位槽　　　　　　　图 6-81　完成灯具初组装

步骤07：喷涂薄底灰（图6-82）。

步骤08：用气动打磨机装上240号砂纸，进行外表面整体打磨（图6-83）。

图6-82　喷涂薄底灰　　　　　　　　　　　　图6-83　整体打磨

步骤09：用刮刀进行边角处理（图6-84）。

步骤10：将喷涂的底灰打磨均匀，并清洗、吹干（图6-85）。

图6-84　边角处理　　　　　　　　　　　　图6-85　均匀打磨底灰

步骤11：用刮刀修整灯泡表面（图6-86）。

步骤12：用砂纸进行灯泡的整体打磨，打磨掉喷涂的底灰（图6-87）。

图6-86　修整灯泡表面　　　　　　　　　　图6-87　灯泡整体打磨

步骤 13：喷涂灯具主体底灰（图 6-88）。

步骤 14：喷涂灯泡底灰（图 6-89）。

图 6-88　喷涂灯具主体底灰　　　　　图 6-89　喷涂灯泡底灰

步骤 15：用 400 号砂纸蘸水进行打磨（图 6-90）。

步骤 16：清洗，吹干（图 6-91）。

图 6-90　打磨　　　　　　　　　图 6-91　清洗吹干

步骤 17：用砂纸进行边缘修正（图 6-92）。

步骤 18：用 600 号砂纸进行灯泡的打磨（图 6-93）。

图 6-92　修正边缘　　　　　　　　图 6-93　打磨灯泡

步骤 19：喷涂底色（图 6-94）。

步骤 20：用双锌灰进行修补（图 6-95）。

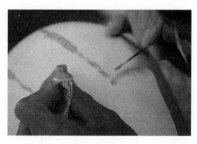

图 6-94　喷涂底色　　　　　　　　　　　图 6-95　用双锌灰修补

步骤 21：用 800 号的砂纸蘸水进行打磨（图 6-96）。

步骤 22：吹干（图 6-97）。

图 6-96　打磨　　　　　　　　　　　　　图 6-97　吹干

步骤 23：调制底色（图 6-98）。

步骤 24：喷涂灯具主体底色（图 6-99）。

图 6-98　调制底色　　　　　　　　　　　图 6-99　喷涂灯具主体底色

步骤 25：灯具嵌件表面处理（图 6-100）。

步骤 26：完成后期表面处理（图 6-101）。

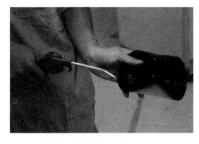

图 6-100　灯具嵌件表面处理　　　　图 6-101　完成后期表面处理

5. 喷涂与组装

步骤 01：根据 CMF 图示文件提供的 PANTONE 色号在色卡上找到对应的颜色（图 6-102）。

步骤 02：调漆（图 6-103）。

视频：

借助 PANTONE 色卡调漆喷涂表面处理效果并组装灯具

图 6-102　找到对应颜色　　　　　图 6-103　调漆

步骤 03：将调好的油漆与色卡的颜色进行对比，调整（图 6-104）。

步骤 04：稀释油漆（图 6-105）。

图 6-104　与色卡的颜色对比　　　　图 6-105　稀释油漆

步骤 05：根据灯具主体磨砂表面处理的要求进行油漆喷涂（图 6-106）。

步骤 06：待第一遍的油漆干后，进行第二次喷涂（图 6-107）。

图 6-106　油漆喷涂　　　　　　　　　　图 6-107　二次喷涂

步骤 07：用 1000 号的砂纸在灯具主体上轻轻打磨一遍（图 6-108）。

步骤 08：清洗，吹干（图 6-109）。

图 6-108　打磨　　　　　　　　　　图 6-109　清洗、吹干

步骤 09：再次喷涂灯具主体（图 6-110）。

步骤 10：喷涂嵌面（图 6-111）。

 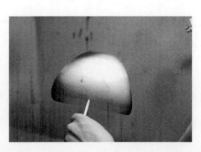

图 6-110　再次喷涂灯具主体　　　　　　　　图 6-111　喷涂嵌面

步骤11：根据嵌件的表面处理要求喷涂光油（图6-112）。

步骤12：根据灯泡的表面处理要求喷涂油漆（图6-113）。

图6-112　嵌件表面喷涂光油　　　　图6-113　灯泡表面喷涂油漆

步骤13：进行灯具的最终组装（图6-114）。

步骤14：灯具制作完成（图6-115）。

图6-114　最终组装　　　　　　　图6-115　灯具制作完成

## 6. 成品展示

灯具手板模型制作效果如图6-116所示。

图6-116　灯具手板模型

## 6.5 考核与评分标准

1. 学习效果自测

（1）三维源文件根据什么划分实体部分？

依据产品本身功能结构、不同颜色或者材质进行划分。

（2）CMF图示文件当中颜色如何进行标注？

查询PANTONE色卡的编号进行标注。

（3）行业内拆图常用的软件是什么、格式是什么？

Creo软件、stp通用工程格式。

（4）本案例中灯具主体部分被拆分成几个部件？

5个部件。

（5）数控编程的步骤是什么？

将加工部件根据大小拼接在合适的原料上，指定刀具、转速、加工路径、加工厚度等参数，在软件上模拟加工，输出加工代码。

（6）反面加工时为什么要浇注石膏到正面？

因为加工反面时会产生热量、加工刀具也会使原料变形，影响加工精度，所以需要浇注石膏。

（7）手板后处理中粘接的方式主要采用哪种？

主要用502胶蘸牙粉进行粘接。

（8）手板后处理中常用到的工具有哪些？

砂纸、喷枪、什锦锉、磨光机、手钻等。

（9）喷涂的颜色应该如何确定？

在CMF图示文件中会标有产品表面的PANTONE色号，在调漆中根据PANTONE色号与参考的颜色比例进行确定。

（10）调漆的步骤有哪些？

首先按比例放置油漆，其次将稀释液放入油漆中进行稀释，将调制到的油漆刷在纸面上与PANTONE色卡进行对比，确认无误后再装入喷枪，试喷在色板上，再次确认后，喷涂完成。

## 2. 模型制作评分标准（表6-1）

表6-1 曲面手板模型设计与制作评分标准

| 序号 | 项目 | 内容描述与要求 | 分值 | 得分 |
|---|---|---|---|---|
| 1 | 模型制作 | 曲面形态模型加工文件整理、前期分析与拆图 | 30 | |
| | | 曲面形态模型手工处理与喷涂制作 | 30 | |
| 2 | 技术总结 | 加工流程记录完整 | 20 | |
| | | 加工要求记录详尽与规范 | | |
| | | 加工照片与素材清晰标准 | | |
| 3 | 职业态度 | 学习过程态度端正、工作规范、工作环境整洁 | 20 | |
| | | 学习过程出勤率高，按时完成作业 | | |
| 4 | | 总得分 | | |

## 任务 7　复杂组合模型设计与制作——闹钟

### 7.1　任务介绍

本项目重点学习闹钟的外观手板模型制作要领以及加工注意事项（图 7-1、图 7-2）。除了常规手板模型的制作学习要点外，增添了丝网印刷的学习要求。希望通过本项目的学习，能够让大家理解手板模型的加工流程与方法，掌握 PANTONE 色卡的使用、丝网印加工文件的整理，复杂组合手板模型的加工要求，模型的分析拆分要求、后期表面处理、喷漆与丝网印刷等的制作要领等。

图 7-1　闹钟效果图　　　　　　　　　　图 7-2　闹钟模型图

### 7.2　学习目标

（1）理解手板模型的加工制作流程。

（2）掌握手板模型中由不同材质部件组成的产品加工文件整理要领和要求。

（3）学会查询 PANTONE 色卡并进行多种材质的 CMF 图示文件制作。

（4）学会进行丝网印文件的制作。

（5）理解多部件产品的拆图要领与制作方法。

（6）理解 CNC 数控编程与加工的原理与流程。

（7）掌握 ABS 材质曲面形态模型的手工表面处理方法。

（8）理解喷漆工艺技术。

（9）掌握丝网印刷的流程与方法。

## 7.3　设计与制作流程

闹钟手板设计与制作流程如图 7-3 所示。

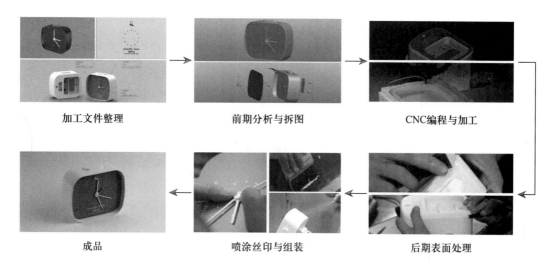

加工文件整理　　　　　　前期分析与拆图　　　　　　CNC编程与加工

成品　　　　　　喷涂丝印与组装　　　　　　后期表面处理

图 7-3　闹钟手板模型加工流程图

## 7.4　设计与制作步骤

1. 加工文件整理

本项目中，闹钟由七个不同的部分组成，分别是闹钟壳体、大按键、前面板、四个指针、转轴、两个闹钟控制旋钮和一个电池盖，所以 Rhino 文件中需要根据功能部件将文件组合成 11 个实体件（图 7-4）。

视频：

闹钟加工文件整理

图 7-4　闹钟 Rhino 文件

本项目的 CMF 图示文件可用闹钟的效果图进行标注。闹钟由黄白色亮面主体外壳构成，前面板和电池盖为天蓝色亚光喷漆效果，大按键、计时指针和转轴表面处理颜色和效果同闹钟主体。所有颜色要查 PANTONE 色卡确定颜色代码，将这些要求标注在图示文件上（图 7-5）。

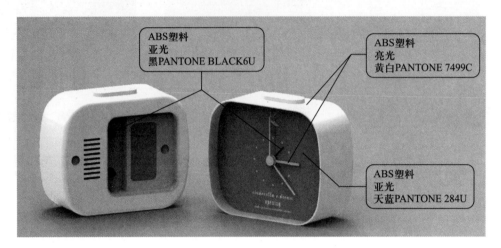

图 7-5　闹钟 CMF 图示文件

其中前面板当中的图案和字采用丝网印刷的效果完成（图 7-6），我们在平面设计软件（本教程采用 Illustrator）中将需要印刷的图案和文字绘制下来，这里的内容一定要按照 1∶1 的方式进行绘制。文件中有颜色的部分是将印刷在面板上的内容（要注意的是，这里的颜色不一定要是图案的真实颜色，可以是任意颜色）。

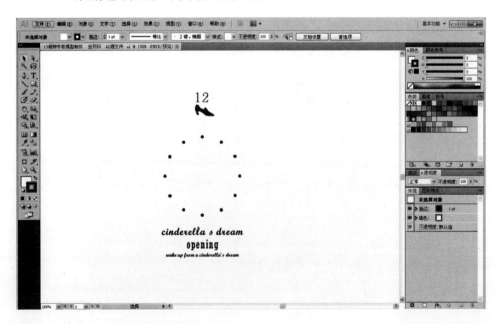

图 7-6　闹钟丝网印源文件

## 2. 前期分析与拆图

步骤 01：将闹钟 Rhino 文件转存为 stp 通用工程格式文件（图 7-7）。

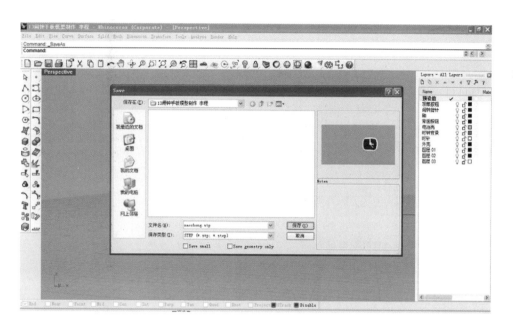

图 7-7　转存为 stp 通用工程格式

步骤 02：在 Creo 中将转存好的文件打开（图 7-8）。

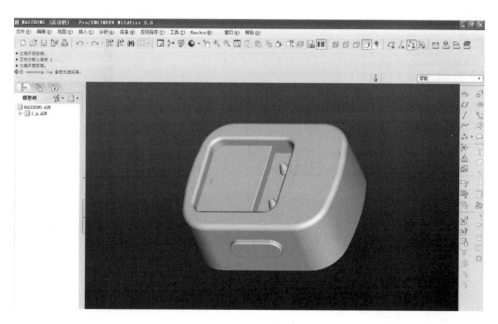

图 7-8　在 Creo 中打开文件

步骤 03：将部件进行实体化（图 7-9）。

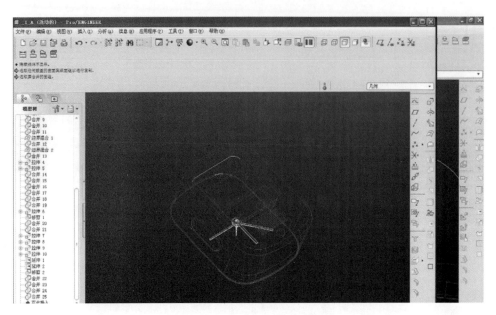

图 7-9　部件实体化

步骤 04：大按键拆分（图 7-10）。

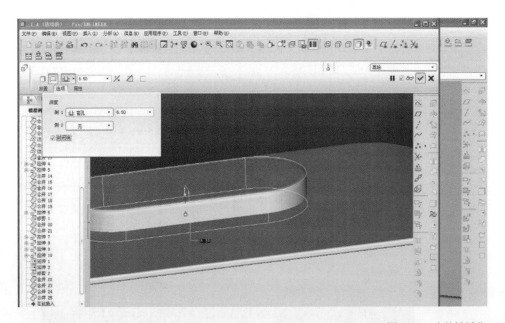

图 7-10　大按键拆分

步骤 05：在新建窗口中打开并保存大按键（图 7-11）。

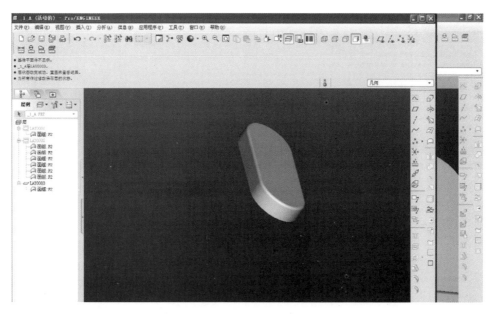

图 7-11　新建窗口打开并保存大按键

步骤 06：在新建窗口中打开并保存指针（图 7-12）。

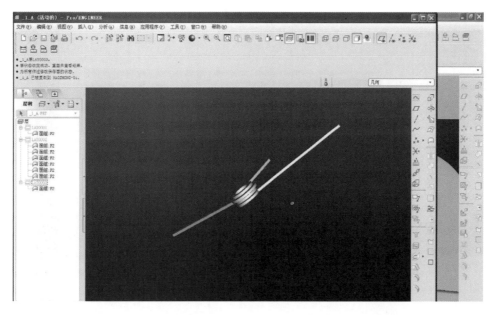

图 7-12　新建窗口打开并保存指针

步骤 07：闹钟控制旋钮拆分并保存（图 7-13）。

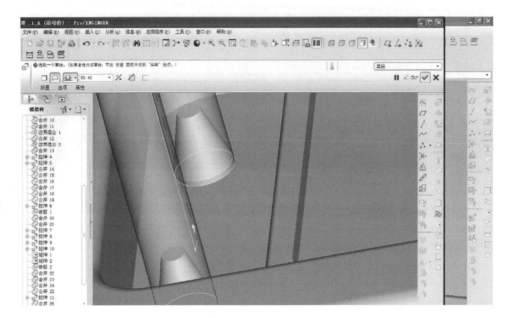

图 7-13　闹钟控制旋钮拆分并保存

步骤 08：将指针转轴在新建窗口打开并保存指针转轴（图 7-14）。

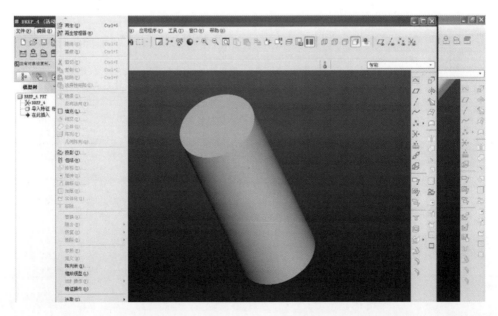

图 7-14　新建窗口打开并保存指针转轴

步骤 09：在新建窗口打开并保存电池盖（图 7-15）。

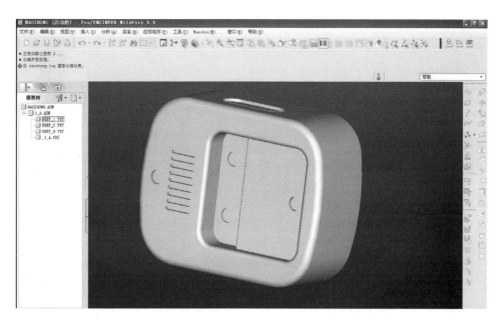

图 7-15　新建窗口打开并保存电池盖

步骤 10：在新建窗口中打开并保存前面板（图 7-16）。

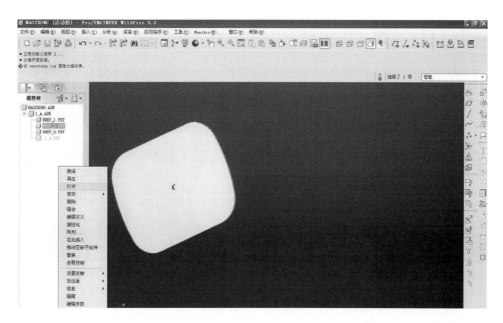

图 7-16　新建窗口打开并保存前面板

步骤 11：新建组件文件（图 7-17）。

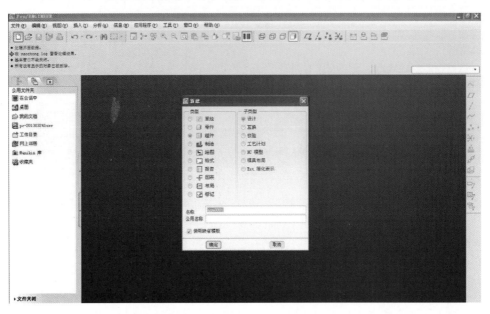

图 7-17　新建组件文件

步骤 12：将拆分好的各个部件组装到一起（图 7-18）。

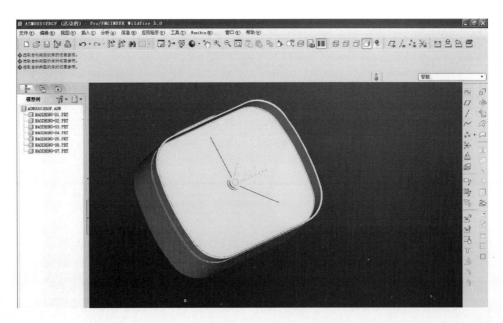

图 7-18　组装

步骤 13：使用拉伸剪切工具拆分大按键装配槽拆分件并保存（图 7-19）。

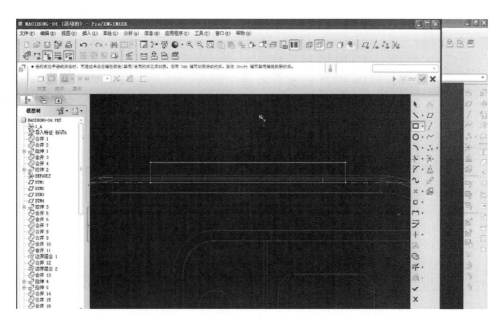

图 7-19　拆分大按键装配槽拆分件并保存

步骤 14：重新组装大按键装配槽拆分件（图 7-20）。

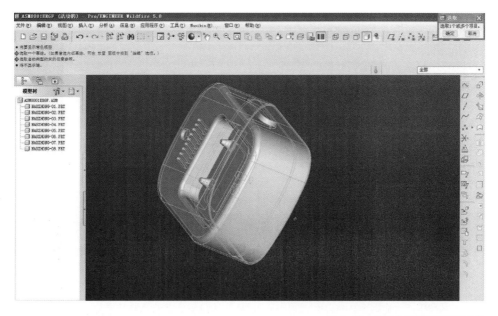

图 7-20　重组大按键装配槽拆分件

步骤 15：将各个部件进行颜色区分，保存组件（图 7-21）。

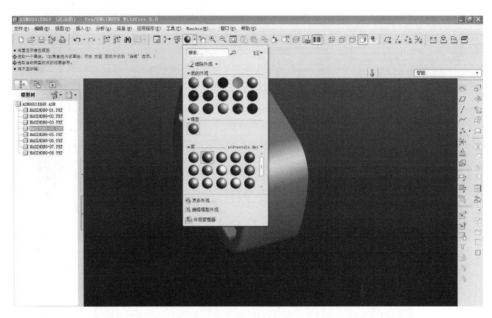

图 7-21　进行颜色区分

3. CNC 编程与加工

（1）CNC 编程

步骤 01：将指针的 Creo 文件转存成 Mastercam 可以识别的 IGS 文件（图 7-22）。

图 7-22　转存可识别的 IGS 文件

手板模型设计与制作篇

步骤 02：在 Mastercam 中打开指针的 IGS 文件（图 7-23）。

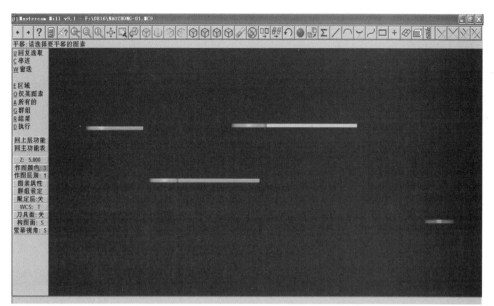

视频：

使用 Mastercam
编写闹钟指针
拆分件 CNC
加工程序

图 7-23　打开指针 IGS 文件

步骤 03：重新绘制加工材料毛坯尺寸并移动部件至同一平面（图 7-24）。

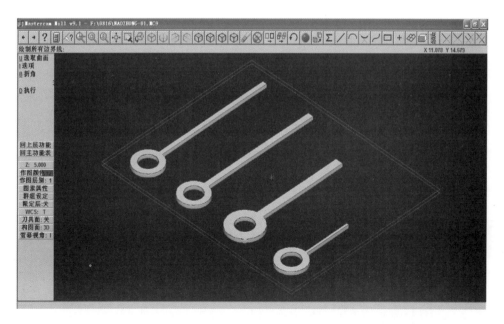

图 7-24　重新绘制毛坯尺寸并移至同一平面

步骤 04：拾取边界路径并编写刀路（图 7-25）。

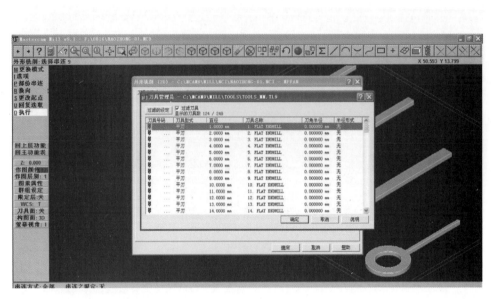

图 7-25　编写刀路

步骤 05：模拟计算刀路（图 7-26）。

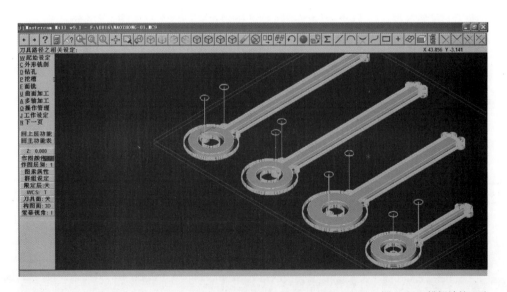

图 7-26　模拟计算刀路

步骤 06：实体切削验证，检查是否有过切（图 7-27）。

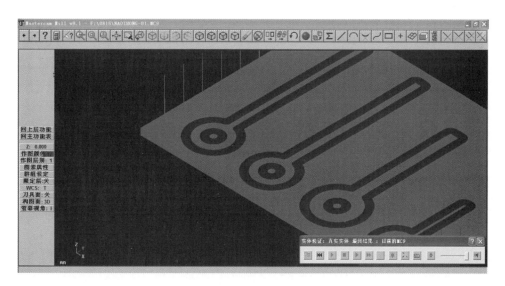

图 7-27　实体切削验证

步骤 07：保存编写好的文件（图 7-28）。

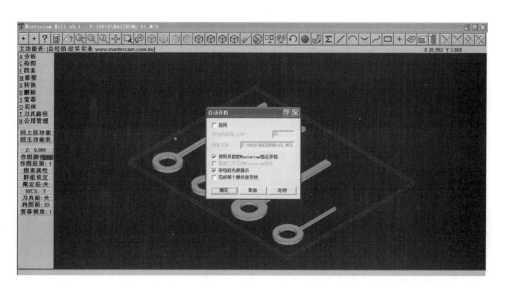

图 7-28　保存文件

步骤 08：在 Mastercam 中打开闹钟大按键和控制旋钮的 IGS 文件（图 7-29）。

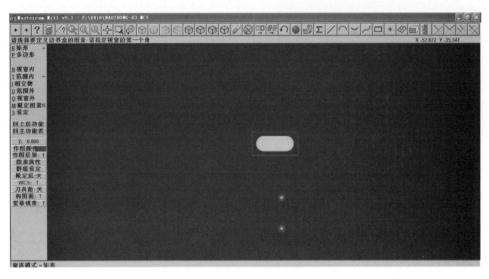

图 7-29　打开闹钟大按键和控制旋钮的 IGS 文件

步骤 09：绘制加工材料毛坯尺寸并移动部件至同一平面（图 7-30）。

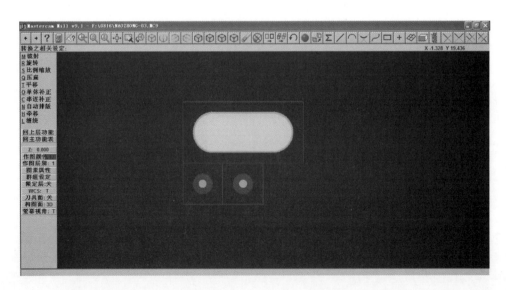

图 7-30　绘制毛坯尺寸并移至同一平面

步骤 10：拾取边界路径（图 7-31）。

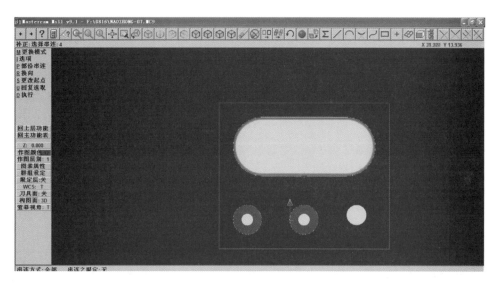

图 7-31　拾取边界路径

步骤 11：制作分模面（图 7-32）。

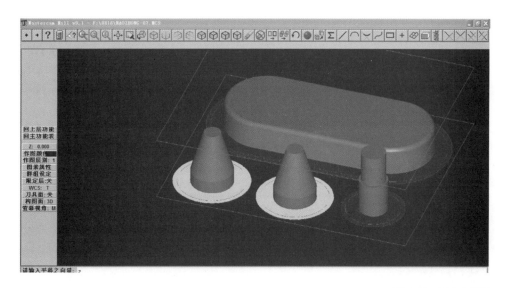

图 7-32　制作分模面

步骤 12：编写刀路（图 7-33）。

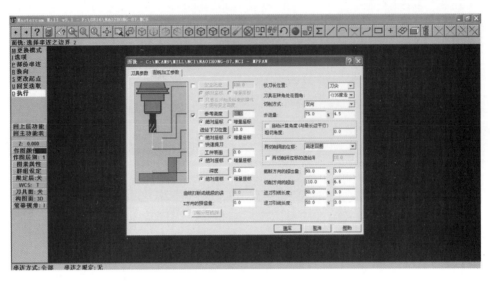

图 7-33　编写刀路

步骤 13：模拟计算刀路（图 7-34）。

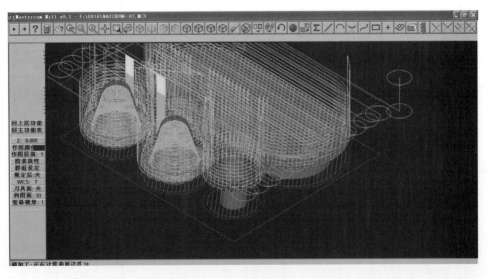

图 7-34　模拟计算刀路

步骤14：实体切削验证，检查是否有过切（图7-35）。

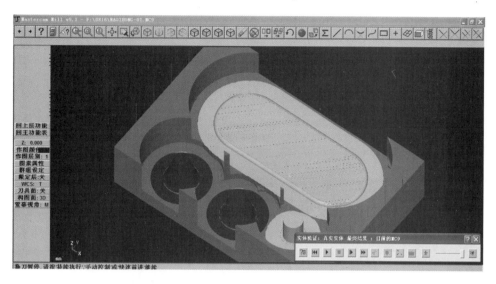

图7-35　实体切削验证

步骤15：保存编写好的文件（图7-36）。

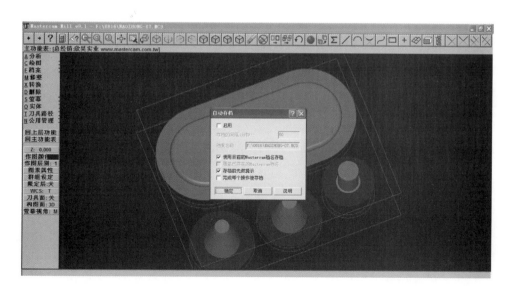

图7-36　保存文件

步骤 16：在 Mastercam 中打开闹钟主体的 IGS 文件（图 7-37）。

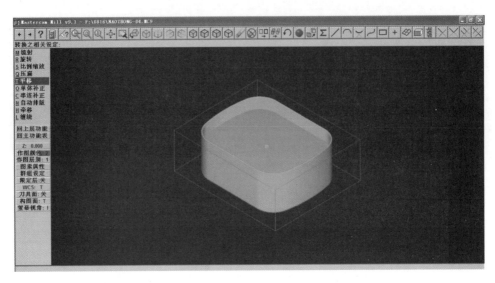

图 7-37　打开闹钟主体的 IGS 文件

步骤 17：制作定位基准（图 7-38）。

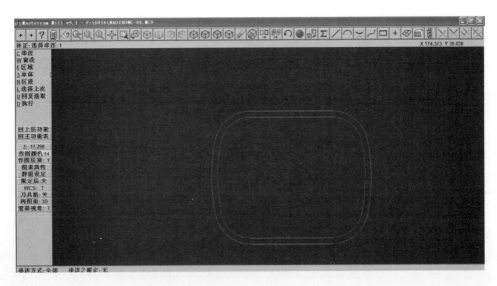

图 7-38　制作定位基准

步骤18：制作分模面（图7-39）。

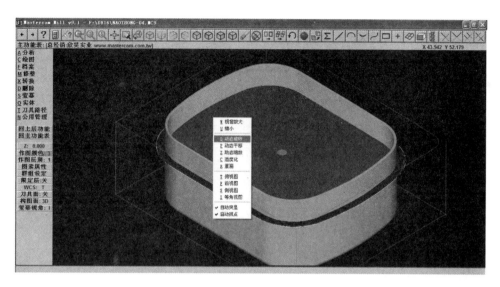

图7-39　制作分模面

步骤19：编写刀路（图7-40）。

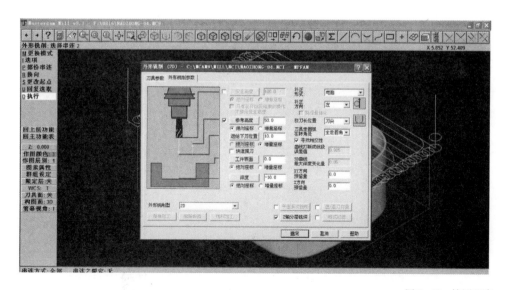

图7-40　编写刀路

步骤 20：实体切削验证，检查是否有过切（图 7-41）。

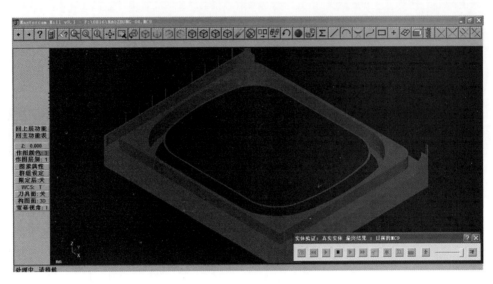

图 7-41　实体切削验证

步骤 21：保存编写好的文件（图 7-42）。

图 7-42　保存文件

步骤 22：选取中心点，旋转部件（图 7-43）。

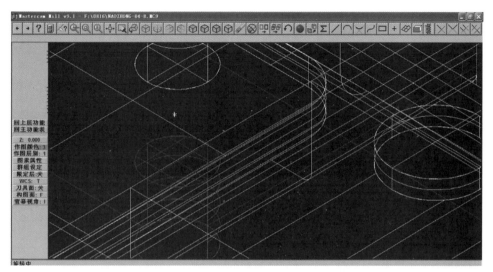

图 7-43　选取中心点旋转部件

步骤 23：编写背面刀路（图 7-44）。

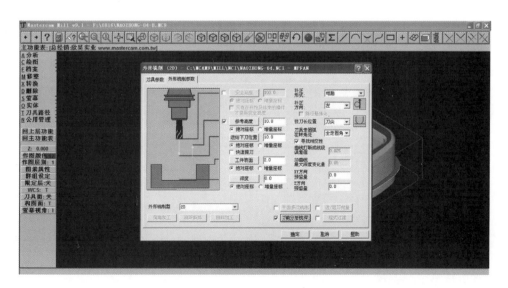

图 7-44　编写背面刀路

步骤24：实体切削验证，检查是否有过切（图7-45）。

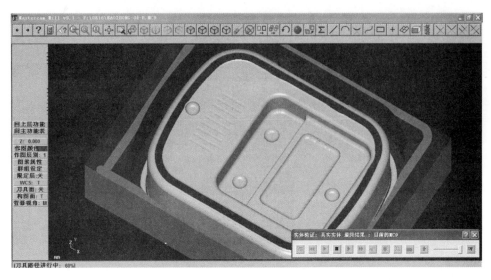

图7-45　实体切削验证

步骤25：保存编写好的文件（图7-46）。

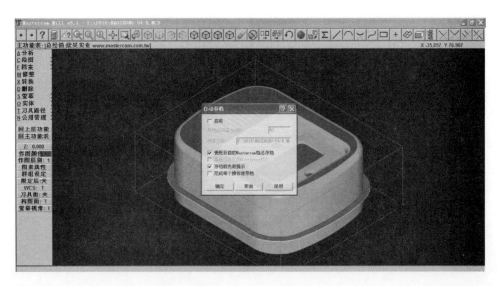

图7-46　保存文件

视频：

使用Mastercam
编写闹钟指针
面板与按键卡
位拆分件CNC
加工程序

步骤26：同样方法完成前面板和电池盖的加工文件编写并保存（图7-47）。

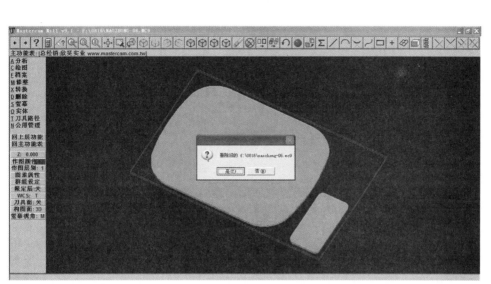

图7-47　完成前面板和电池盖的加工文件编写并保存

步骤27：同样方法完成大按键装配槽拆分件的加工文件编写并保存（图7-48）。

图7-48　完成大按键装配槽拆分件的加工文件编写并保存

（2）CNC加工

步骤01：将闹钟主体板材固定在加工台面进行粗加工（图7-49）。

步骤02：完成粗加工（图7-50）。

视频：

使用CNC加工中心进行
闹钟主体拆分件加工

　　　图7-49　固定闹钟主体板材　　　　　　　　　　图7-50　完成粗加工

步骤03：换刀具进行精加工（图7-51）。

步骤04：取下加工件（图7-52）。

　　　图7-51　换刀具进行精加工　　　　　　　　　图7-52　取下加工件

步骤05：去除加工毛刺（图7-53）。

步骤06：正面加工完成（图7-54）。

　　　图7-53　去除加工毛刺　　　　　　　　　　图7-54　正面加工完成

步骤 07：在加工件加工的一面浇注石膏（图 7-55）。

步骤 08：刮平加工件浇注石膏的一面（图 7-56）。

图 7-55　浇注石膏　　　　　　　　　　图 7-56　刮平

步骤 09：在 CNC 加工台面上切割出定位线（图 7-57）。

步骤 10：粘贴定位 ABS 卡片（图 7-58）。

图 7-57　切割出定位线　　　　　　图 7-58　粘贴定位 ABS 卡片

步骤 11：切割出定位卡口（图 7-59）。

步骤 12：将加工件固定在加工台面上（图 7-60）。

图 7-59　切割定位卡口　　　　　　　图 7-60　固定加工件

步骤13：安装刀具，$Z$轴定位（图7-61）。

步骤14：进行粗加工（图7-62）。

图7-61　安装刀具$Z$轴定位　　　　　　　　　　图7-62　粗加工

步骤15：进行精加工（图7-63）。

步骤16：将精修刀具更换成铣边刀具（图7-64）。

图7-63　精加工　　　　　　　　　　图7-64　换铣边刀具

步骤17：进行喇叭空位加工（图7-65）。

步骤18：闹钟主体加工完成（图7-66）。

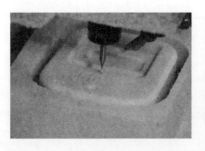

图7-65　加工喇叭空位　　　　　　　　　　图7-66　完成闹钟主体

步骤 19：用 502 胶将旋钮控制件和大按键的加工板材固定在加工台面上（图 7-67）。

步骤 20：进行控制旋钮和大按键 CNC 加工（图 7-68）。

图 7-67　固定旋钮控制件和
大按键加工板材

图 7-68　加工控制旋钮和大按键

步骤 21：控制旋钮和大按键加工完成（图 7-69）。

步骤 22：将前面板和电池盖的加工板材固定在加工台面上（图 7-70）。

图 7-69　完成控制按钮和大按键

图 7-70　固定前面板和电池盖加工板材

步骤 23：根据加工要求安装刀具（图 7-71）。

步骤 24：进行前面板和电池盖 CNC 加工（图 7-72）。

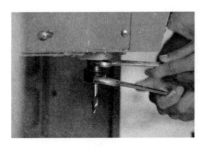

图 7-71　安装刀具

图 7-72　加工前面板和电池盖

步骤 25：取下加工件（图 7-73）。

步骤 26：前面板和电池盖加工完成（图 7-74）。

图 7-73　取下加工件　　　　　　　　　　图 7-74　完成加工

步骤 27：指针大按键加工步骤如下所述（图 7-75）。

步骤 28：闹钟 CNC 加工完成（图 7-76）。

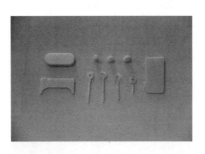 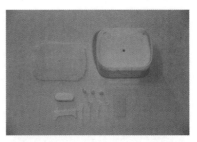

图 7-75　加工指针大按键　　　　　　　图 7-76　闹钟 CNC 加工完成

视频：

使用砂纸和刮刀进行闹
钟加工件后期手工修正
与组装工作

4. 后期表面处理

步骤 01：用白电油清洗前面板、电池盖、指针和控制旋钮（图 7-77）。

步骤 02：测量电池盖的装配槽（图 7-78）。

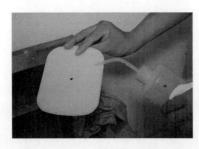 

图 7-77　清洗　　　　　　　　　　图 7-78　测量装配槽

步骤 03：尝试装配电池盖（图 7-79）。

步骤 04：修正前面板（图 7-80）。

图 7-79　尝试装配电池盖　　　　　图 7-80　修正前面板

步骤 05：打磨铲刀（图 7-81）。

步骤 06：用铲刀清理前面板的装配槽（图 7-82）。

图 7-81　打磨铲刀　　　　　图 7-82　清理装配槽

步骤 07：尝试组装前面板（图 7-83）。

步骤 08：进行大按键的装配槽的拆分件组装（图 7-84）。

图 7-83　尝试组装前面板　　图 7-84　大按键的装配槽的拆分件组装

步骤 09：用手工电钻修正转轴装配槽（图 7-85）。

步骤 10：尝试组装前面板、转轴和闹钟主体（图 7-86）。

图 7-85　修正转轴装配槽　　图 7-86　尝试组装前面板转轴和闹钟主体

步骤 11：用铲刀和锉刀修整闹钟大按键的装配槽的接缝处（图 7-87）。

步骤 12：用铅笔在闹钟主体表面边缘处做标记（图 7-88）。

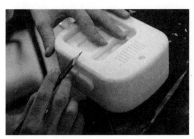

图 7-87　修整装配槽的接缝处　　　　　　　图 7-88　划边缘

步骤 13：用砂纸修整闹钟主体表面（图 7-89）。

步骤 14：用砂纸打磨闹钟前面板（图 7-90）。

图 7-89　修整闹钟主体表面　　　　　　　图 7-90　打磨前面板

步骤15：清理闹钟指针、控制旋钮和转轴的CNC加工毛刺（图7-91）。

步骤16：用手工电钻、锉刀修正指针孔（图7-92）。

图7-91　清理毛刺　　　　　　　　　　图7-92　修正指针孔

步骤17：固定指针、转轴和控制旋钮（图7-93）。

步骤18：喷涂薄底灰（图7-94）。

图7-93　固定指针、转轴和控制旋钮　　　图7-94　喷涂薄底灰

步骤19：用400号的砂纸进行整体打磨，直至将底灰打磨掉（图7-95）。

步骤20：吹干，修补（图7-96）。

图7-95　整体打磨　　　　　　　　　　图7-96　吹干、修补

步骤 21：喷涂指针的底灰（图 7-97）。

步骤 22：调制白色底漆（图 7-98）。

图 7-97　喷涂指针底灰　　　　　　　　　　图 7-98　调制白色底漆

步骤 23：喷涂前面板和电池盖（图 7-99）。

步骤 24：喷涂闹钟主体（图 7-100）。

图 7-99　喷涂前面板和电池盖　　　　　　　图 7-100　喷涂闹钟主体

步骤 25：用 600 号砂纸和铲刀修整闹钟主体（图 7-101）。

步骤 26：用腻子进行修补（图 7-102）。

图 7-101　修整闹钟主体　　　　　　　　　　图 7-102　修补

步骤 27：用 600 号的砂纸进行打磨（图 7-103）。

步骤 28：吹干，手工处理完成（图 7-104）。

图 7-103　打磨　　　　　　　　　图 7-104　吹干

5. 喷涂、丝印与组装

步骤 01：根据 CMF 图示文件的 PANTONE 色号调制灯具主体的油漆（图 7-105）。

步骤 02：将调好的油漆与色卡进行对比（图 7-106）。

视频：

借助 PANTONE 色卡调漆与油墨喷涂表面处理效果与丝印拆分件并组装闹钟

图 7-105　调制灯具主体油漆　　　图 7-106　与色卡进行对比

步骤 03：喷涂底色（图 7-107）。

步骤 04：喷涂前面板和电池盖（图 7-108）。

图 7-107　喷涂底色　　　　　　　图 7-108　喷涂前面板和电池盖

步骤 05：喷涂灯具主体、指针、转轴和控制旋钮（图 7-109）。

步骤 06：清理前面板与装配槽（图 7-110）。

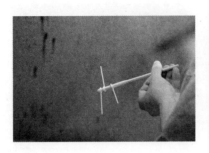
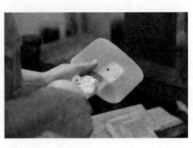

图 7-109　喷涂主体、指针、转轴和　　　　图 7-110　清理前面板与装配槽
　　　　　　控制旋钮

步骤 07：调制油墨（图 7-111）。

步骤 08：定位网版（图 7-112）。

图 7-111　调制油墨　　　　　　　　　　图 7-112　定位网版

步骤 09：放置油墨（图 7-113）。

步骤 10：用网版刷刷过网版（图 7-114）。

图 7-113　放置油墨　　　　　　　　　　图 7-114　刷过网版

步骤 11：用白电油清理网版（图 7-115）。

步骤 12：放置油墨（图 7-116）。

图 7-115　用白电油清理网版　　　　　　　　图 7-116　放置油墨

步骤 13：用网版刷刷网版（图 7-117）。

步骤 14：丝网印刷制作完成（图 7-118）。

图 7-117　刷网版　　　　　　　　　图 7-118　丝网印刷完成

步骤 15：进行闹钟最终的修正装配（图 7-119）。

步骤 16：闹钟制作完成（图 7-120）。

图 7-119　修正装配　　　　　　　　图 7-120　制作完成

6. 成品展示

闹钟手板模型制作效果如图 7-121 所示。

图 7-121　闹钟手板模型

## 7.5　考核与评分标准

1. 学习效果自测

（1）在 Rhino 文件中闹钟被划分成几个部分共多少个实体件？

划分成七个部分，共 11 个实体件。

（2）丝网印刷文件整理时的注意事项。

绘制图案要根据实际比例 1∶1 绘制，图案中有颜色部分是要印刷的部分，文件中的颜色与实际印刷的颜色无关。

（3）拆分部件时需要注意的事项。

不要在产品的受力部分进行拆分，不要影响到后期的外观效果，拆分好的部件间应该有装卡结构，以保证后续拼接。

（4）数控编程的步骤是什么？

将加工部件根据大小拼接在合适的原料上，指定刀具、转速、加工路径、加工厚度等参数，在软件上模拟加工，输出加工代码。

（5）反面加工时为什么要浇注石膏到正面？

因为加工反面时会产生热量、加工刀具也会使原料变形，影响加工精度，所以需要浇注石膏。

（6）手板后处理中粘接的方式主要采用哪种？

主要用 502 胶蘸牙粉进行粘接。

（7）手板后处理中常用到的工具有哪些？

砂纸、喷枪、什锦锉、磨光机、手钻等。

（8）喷涂的颜色应该如何确定？

在 CMF 图示文件中会标有产品表面的 PANTONE 色号，在调漆中根据 PANTONE 色号与参考的颜色比例进行确定。

（9）调漆的步骤有哪些?

首先按比例放置油漆，其次将稀释液放入油漆中进行稀释，将调制好的油漆刷在纸面上与 PANTONE 色卡进行对比，确认无误后再装入喷枪，试喷在色板上，再次确认后，喷涂完成。

（10）丝网印刷的步骤有哪些?

将产品固定在丝网印工作台上，将网版放置在产品要印刷的表面上，用刷子蘸油漆快速刷过，取下产品。

2. 模型制作评分标准（表 7-1）

表 7-1　复杂组合手板模型设计与制作评分标准

| 序号 | 项目 | 内容描述与要求 | 分值 | 得分 |
|---|---|---|---|---|
| 1 | 模型制作 | 复杂组合手板模型加工文件整理、前期分析与拆图 | 30 | |
| | | 复杂组合手板模型后期手工处理、喷涂与丝印 | 30 | |
| 2 | 技术总结 | 加工流程记录完整 | 20 | |
| | | 加工要求记录详尽与规范 | | |
| | | 加工照片与素材清晰标准 | | |
| 3 | 职业态度 | 学习过程态度端正、工作规范、工作环境整洁 | 20 | |
| | | 学习过程出勤率高，按时完成作业 | | |
| 4 | | 总得分 | | |

## 任务 8　综合模型设计与制作——笔记本

### 8.1　任务介绍

本项目作为手板模型制作的最后一个项目，与之前项目相比是更加复杂的部件和结构的产品（图 8-1、图 8-2）。希望通过本项目的学习，能够让大家全面综合运用学习到的手板模型加工流程与方法，重点掌握丝网印文件的制作，复杂结构部件模型的拆分要领、有旋转机构部件的模型后期处理要求，ABS 与亚力克部件的表面处理方法等。

图 8-1　笔记本效果图　　　　　　　图 8-2　笔记本模型图

### 8.2　学习目标

（1）理解手板模型的加工制作流程。

（2）掌握手板模型中由不同材质部件组成的产品加工文件整理要领和要求。

（3）学会查询 PANTONE 色卡并进行多种材质的 CMF 图示文件制作。

（4）掌握丝网印刷文件的制作要求。

（5）理解拥有复杂部件与结构产品的拆图要领与制作方法。

（6）理解 CNC 数控编程与加工的原理与流程。

（7）掌握 ABS 与亚克力材质模型的手工表面处理方法。

（8）理解喷涂加工的技术与方法。

（9）理解丝网印刷的技术要求与规范。

### 8.3　设计与制作流程

笔记本手板设计与制作流程如图 8-3 所示。

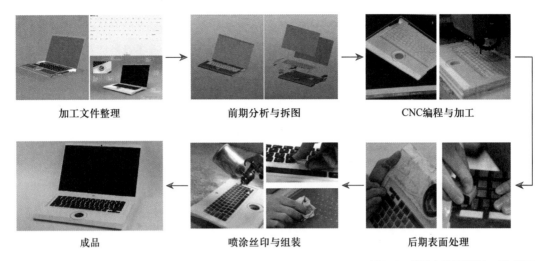

| 加工文件整理 | 前期分析与拆图 | CNC编程与加工 |

| 成品 | 喷涂丝印与组装 | 后期表面处理 |

图 8-3　笔记本手板模型加工流程图

## 8.4　设计与制作步骤

### 1. 加工文件整理

　　本项目中，笔记本由十个不同的部分组成，分别是底座、上盖、屏幕、摄像头、全键盘、开关键、大旋钮、侧面结构面板、散热面板和转轴等。在 Rhino 文件中需要根据功能部件将文件组合成多个实体件（图 8-4）。

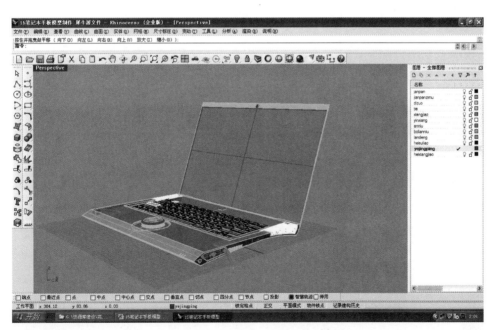

图 8-4　笔记本 Rhino 文件

视频：

笔记本加工
文件整理

视频：

使用 Adobe
Illustrator 制
作笔记本主体
CMF 说明文件

　　本项目的 CMF 图示文件可用两张笔记本的效果图进行标注。笔记本外壳为 ABS 材料白色钢琴烤漆效果。摄像头、屏幕由亚克力材料制作，背面喷涂黑色仿黑色屏幕效果。开关键、大旋钮由亚克力材料和 ABS 材料混合组件而成，其中开关键为 ABS 材料白色钢琴烤漆效果加亚克力半透明蓝绿色按键，大旋钮由 ABS 材料白色钢琴烤漆效果加亚克力背喷黑色丝印文字效果。全键盘由 ABS 材料黑色亚光喷涂而成，正面丝印蓝绿色文字符号。黑色和蓝绿色要查 PANTONE 色卡确定颜色代码，并将这些要求标注在图示文件上（图 8-5）。大旋钮和全键盘部门有丝网印刷效果图案（图 8-6），所印图案需要在平面设计软件中按照 1∶1 的方式绘制。

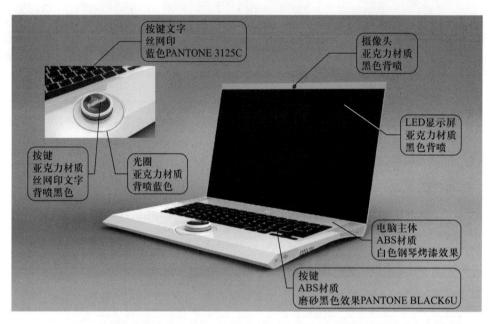

图 8-5　笔记本 CMF 图示文件

视频：

使用 Adobe Illustrator 制作笔记本细节 CMF 说明文件

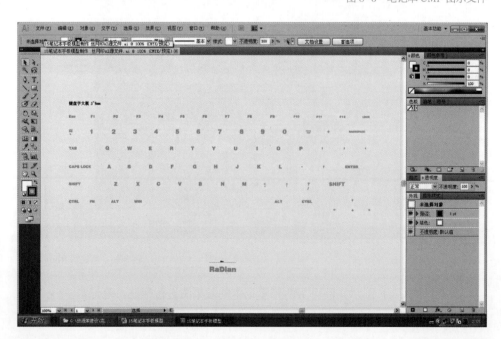

图 8-6　笔记本丝网印源文件

## 2. 前期分析与拆图

步骤 01：将笔记本 Rhino 文件转存成 stp 通用工程格式文件（图 8-7）。

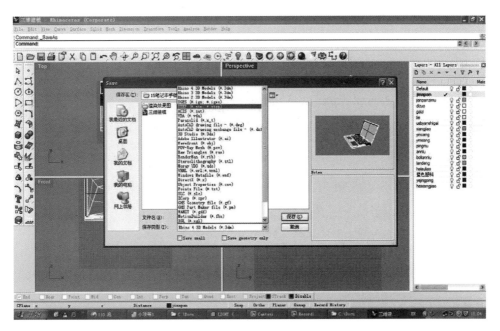

视频：

使用 Creo 拆
分笔记本转轴
与旋钮

图 8-7　转存 stp 通用工程格式

步骤 02：在 Creo 中将转存好的文件打开并检查是否有遗漏件
（图 8-8）。

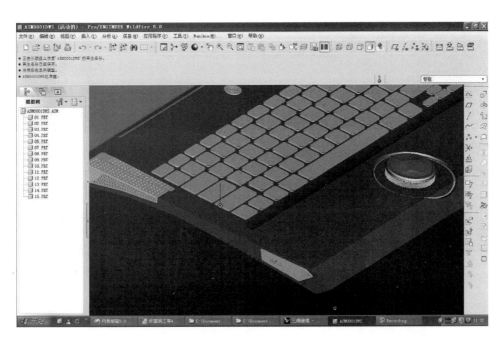

图 8-8　打开文件并检查

步骤03：鼠标面板旋转按钮检查保存（图8-9）。

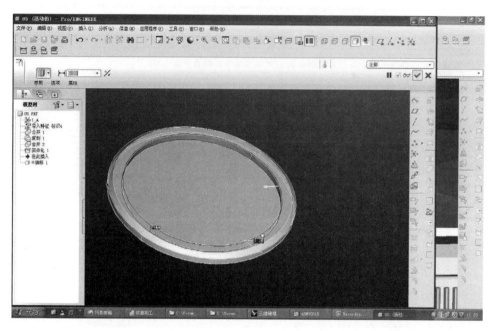

图8-9　鼠标面板旋转按钮检查保存

步骤04：检查保存鼠标面板嵌件（图8-10）。

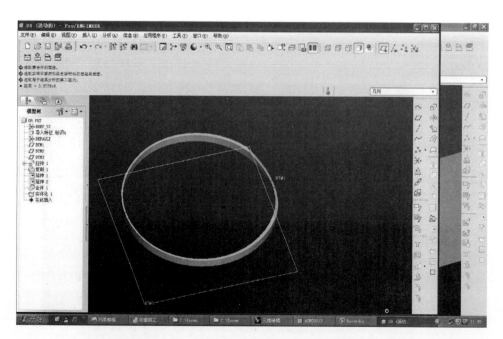

图8-10　检查保存鼠标面板嵌件

步骤05：保存液晶屏幕组件（图8-11）。

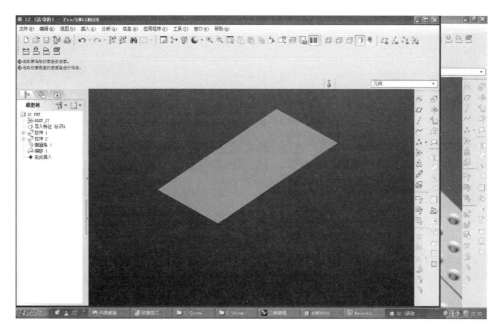

图8-11　保存液晶屏幕组件

步骤06：保存笔记本上盖部件（图8-12）。

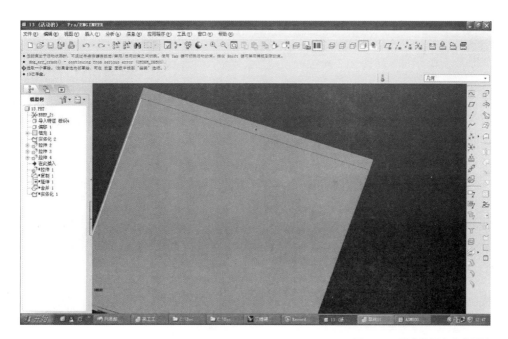

图8-12　保存笔记本上盖部件

步骤 07：笔记本转轴部分制作（图 8-13）。

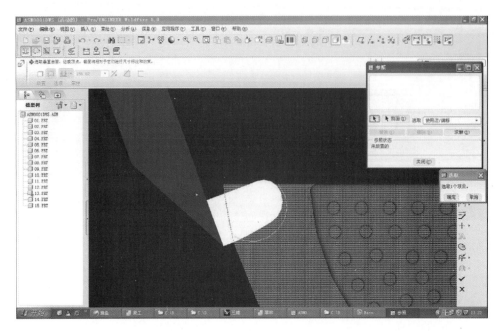

图 8-13　制作笔记本转轴部分

步骤 08：笔记本转轴部分干涉检测（图 8-14）。

视频：

使用 Creo 拆
分笔记本转轴
干涉测试

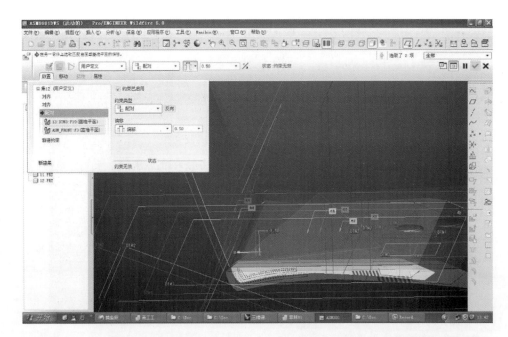

图 8-14　笔记本转轴部分干涉检测

步骤 09：笔记本底部面板转轴孔拆分并保存（图 8-15）。

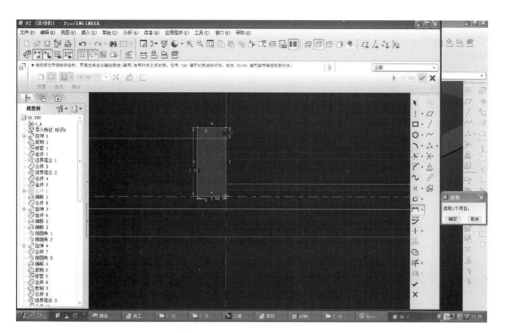

图 8-15　笔记本底部面板转轴孔拆分并保存

步骤 10：笔记本底部面板侧面拆分（图 8-16）。

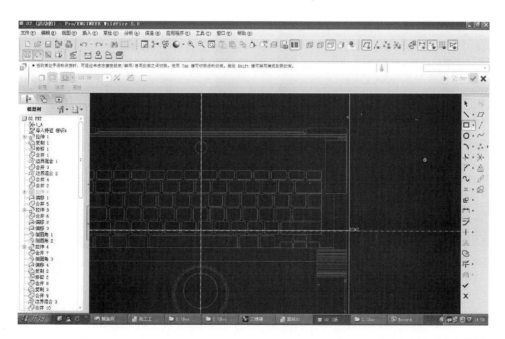

图 8-16　笔记本底部面板侧面拆分

步骤 11：笔记本底部面板散热件拆分并保存（图 8-17）。

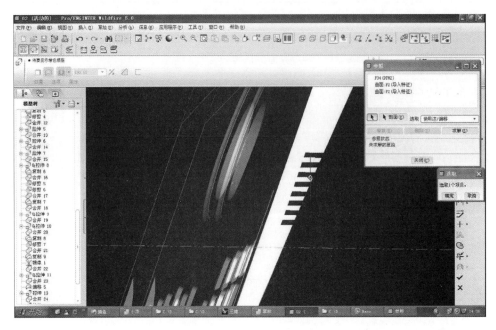

图 8-17　笔记本底部面板散热件拆分并保存

步骤 12：笔记本上盖转轴部分拆分并保存（图 8-18）。

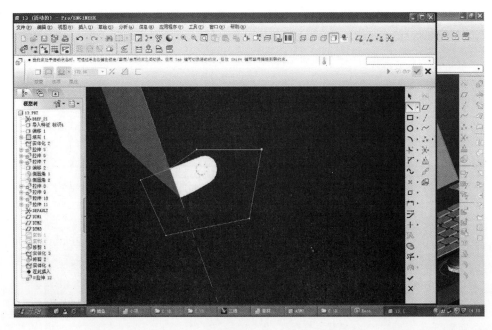

图 8-18　笔记本上盖转轴部分拆分并保存

步骤13：保存键盘按键（图 8-19）。

视频：

使用 Creo 拆分笔记本键盘与音箱件

图 8-19　保存键盘按键

步骤14：笔记本底部面板音箱件拆分并保存（图 8-20）。

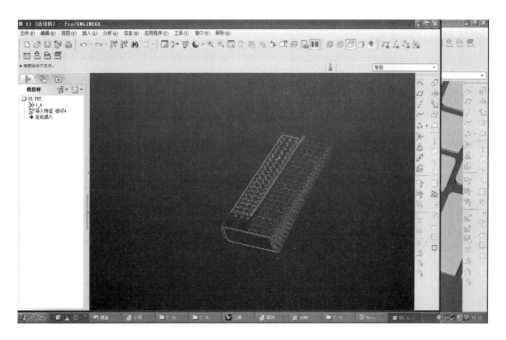

图 8-20　音箱件拆分保存

步骤 15：组装检查拆分好的各部件并保存（图 8-21）。

图 8-21　组装检查拆分好的各部件并保存

3. CNC 编程与加工

（1）CNC 编程

步骤 01：将拆分好的底座 Creo 文件转存成 Mastercam 可以识别的
IGS 文件（图 8-22）。

视频：

使用 Mastercam
拾取笔记本底座
加工程序

图 8-22　转存可识别的 IGS 文件

视频：

使用Mastercam
编写笔记本底
座正面 CNC
加工程序

步骤 02：在 Mastercam 中打开底座 IGS 文件（图 8-23）。

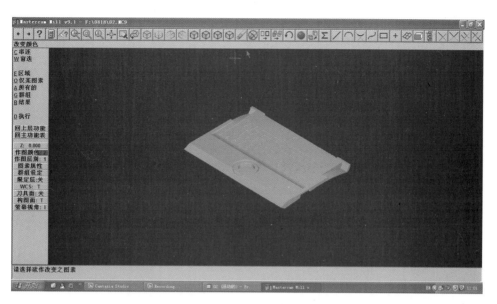

图 8-23　打开底座 IGS 文件

步骤 03：绘制加工材料毛坯尺寸（图 8-24）。

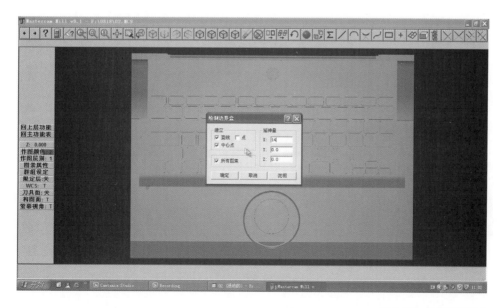

图 8-24　绘制毛坯尺寸

步骤 04：制作定位基准（图 8-25）。

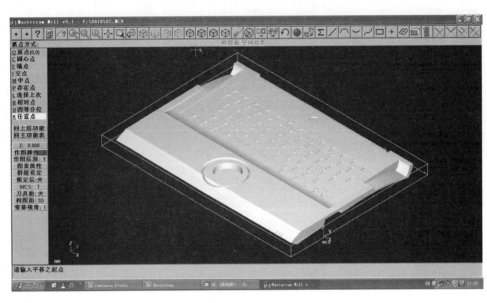

图 8-25　制作定位基准

步骤 05：拾取边界路径（图 8-26）。

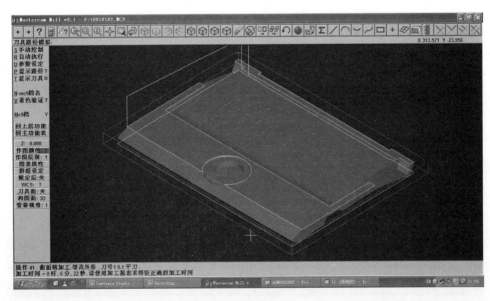

图 8-26　拾取边界路径

步骤 06：修整路径（图 8-27）。

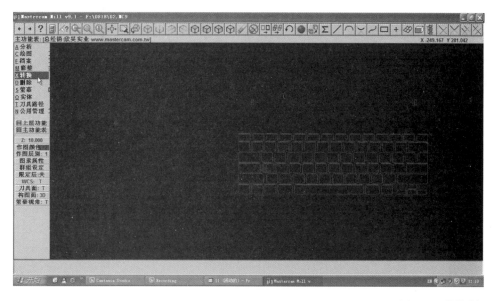

图 8-27　修整路径

步骤 07：将路径偏移出粗路径和精修路径（图 8-28）。

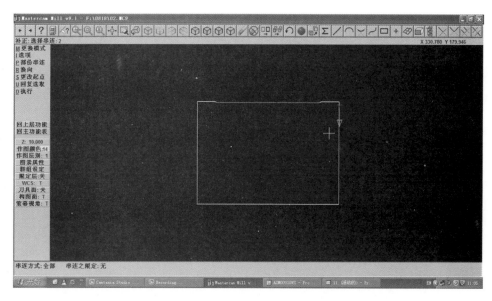

图 8-28　将路径偏移出粗路径和精修路径

步骤 08：制作分模面（图 8-29）。

图 8-29　制作分模面

步骤 09：拾取路径（图 8-30）。

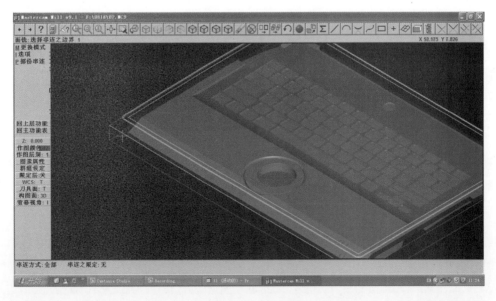

图 8-30　拾取路径

步骤 10：编写加工粗路径并定位刀路（图 8-31）。

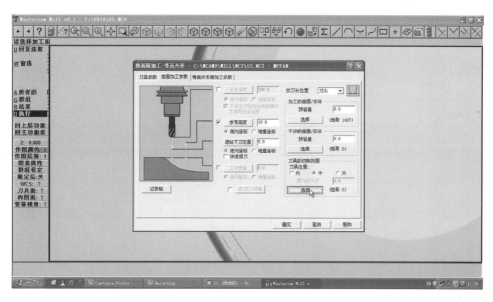

图 8-31　编写加工粗路径并定位刀路

步骤 11：编写精修刀路（图 8-32）。

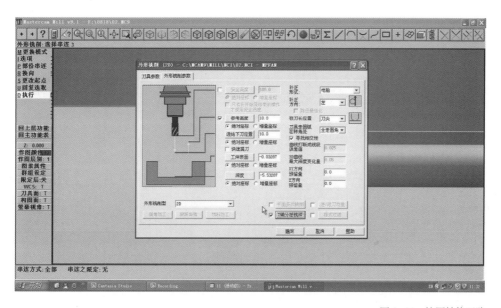

图 8-32　编写精修刀路

步骤 12：编写外形铣刀刀路（图 8-33）。

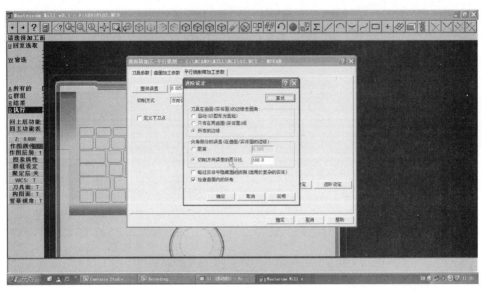

图 8-33　编写外形铣刀刀路

步骤 13：模拟计算刀路（图 8-34）。

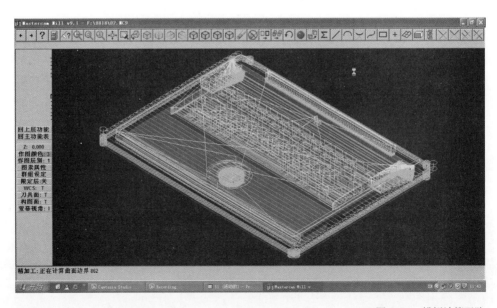

图 8-34　模拟计算刀路

步骤 14：实体切削验证，检查是否有过切（图 8-35）。

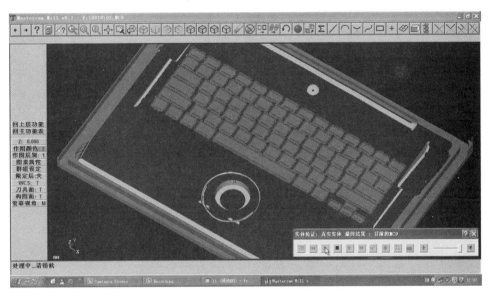

图 8-35　实体切削验证

步骤 15：保存编写好的文件（图 8-36）。

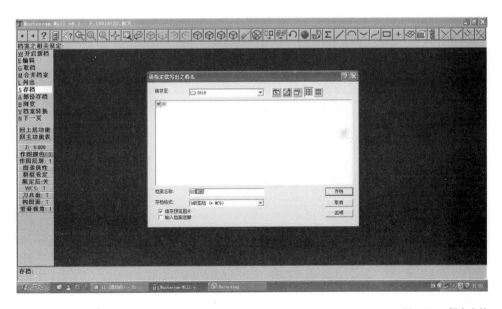

图 8-36　保存文件

步骤 16：选取中心点，旋转部件（图 8-37）。

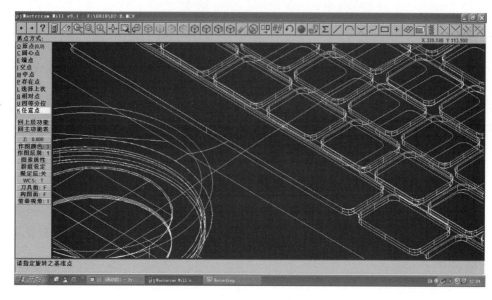

图 8-37　选取中心点旋转部件

步骤 17：串联刀路（图 8-38）。

图 8-38　串联刀路

步骤 18：调整编写刀路（图 8-39）。

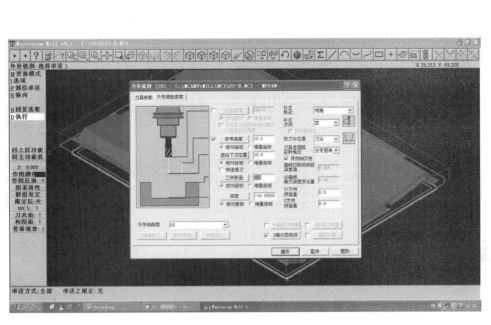

图 8-39　调整编写刀路

步骤 19：计算刀路（图 8-40）。

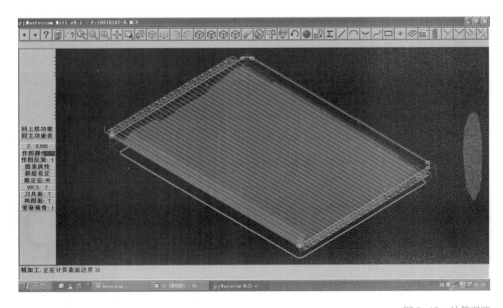

图 8-40　计算刀路

步骤 20：实体切削验证（图 8-41）。

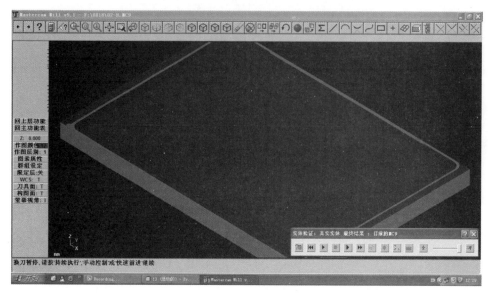

图 8-41　实体切削验证

步骤 21：保存编写好的笔记本底座的文件（图 8-42）。

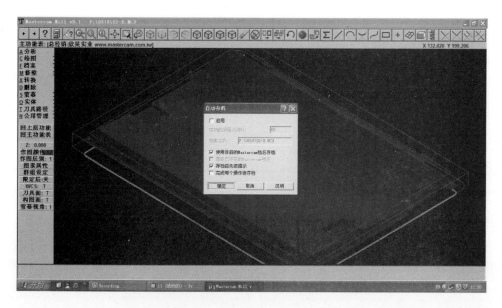

图 8-42　保存文件

步骤 22：同样方法编写上盖刀路（图 8-43）。

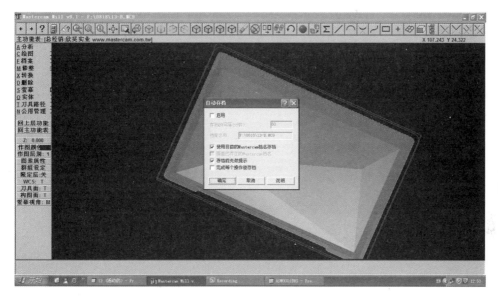

视频：

使用 Mastercam
编写笔记本上盖
与键盘 CNC 加
工程序

图 8-43　编写上盖刀路

步骤 23：编写屏幕刀路（图 8-44）。

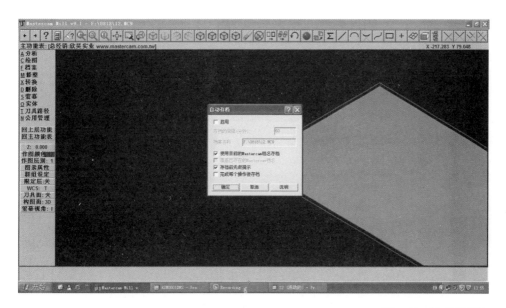

图 8-44　编写屏幕刀路

步骤 24：编写按键刀路（图 8-45）。

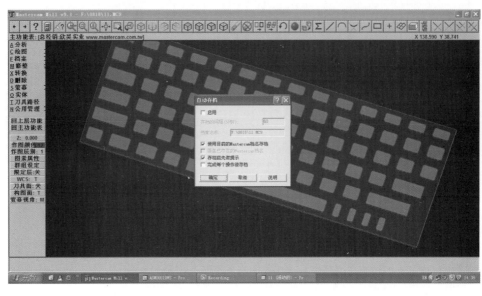

图 8-45 编写按键刀路

步骤 25：编写底座侧面刀路（图 8-46）。

视频：

使用 Mastercam
编写笔记本侧
边散热拆分件
CNC 加工程序

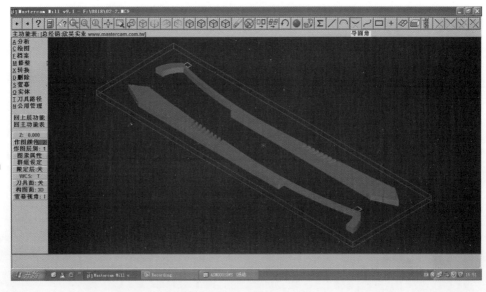

图 8-46 编写底座侧面刀路

步骤 26：编写亚克力部件刀路（图 8-47）。

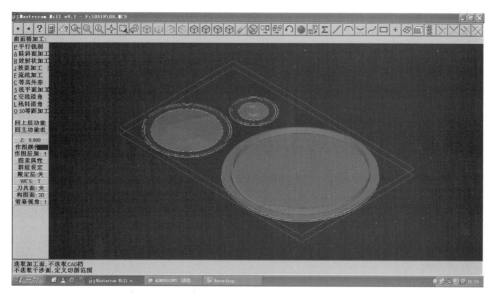

视频：

使用 Mastercam
编写笔记本亚
克力件 CNC
加工程序

图 8-47　编写亚克力部件刀路

步骤 27：编写散热孔刀路（图 8-48）。

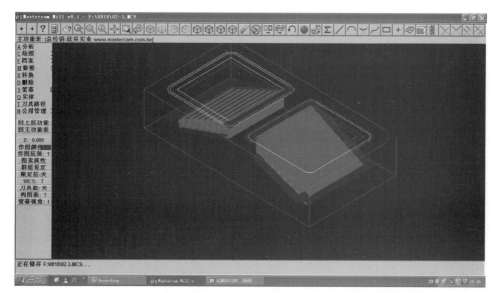

视频：

使用 Mastercam
编写笔记本底
部散热拆分件
CNC 加工程序

图 8-48　编写散热孔刀路

步骤 28：编写 USB 和 HDMI 接口的盖板刀路（图 8-49）。

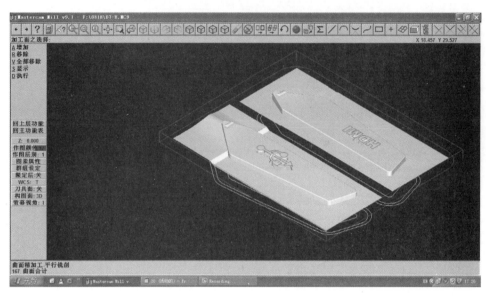

图 8-49　编写 USB 和 HDMI 接口的盖板刀路

步骤 29：编写转轴底座部分的拆分件的加工刀路（图 8-50）。

视频：

使用 Mastercam
编写笔记本旋钮
与转轴拆分件
CNC 加工程序

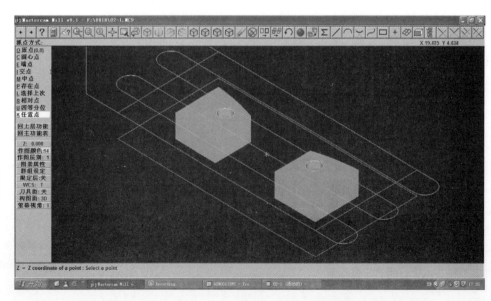

图 8-50　编写转轴底座部分的拆分件的加工刀路

步骤 30：编写笔记本开关按键的加工刀路（图 8-51）。

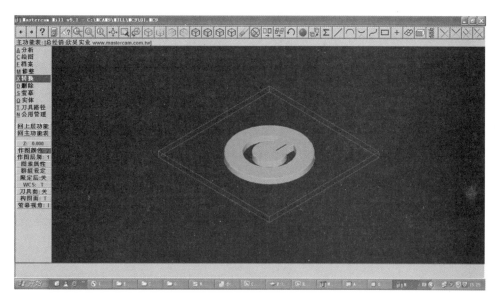

图 8-51　编写笔记本开关按键的加工刀路

步骤 31：编写大旋钮刀路（图 8-52）。

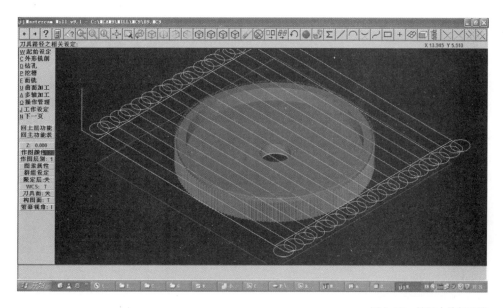

图 8-52　编写大旋钮刀路

步骤 32：编写转轴刀路（图 8-53）。

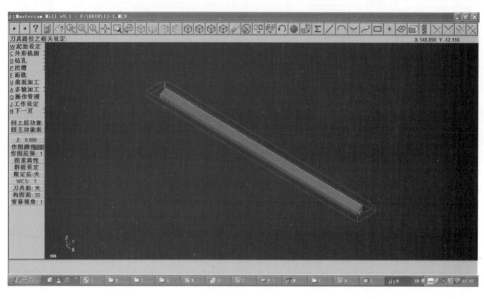

图 8-53　编写转轴刀路

步骤 33：编写扬声器刀路（图 8-54）。

视频：

使用 Mastercam
编写笔记本音
响拆分件 CNC
加工程序

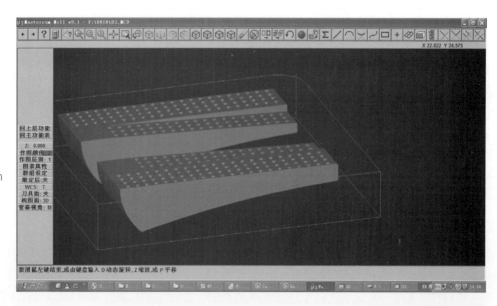

图 8-54　编写扬声器刀路

（2）CNC 加工

步骤 01：清理笔记本上盖加工板材（图 8-55）。

步骤 02：根据加工要求安装刀具 $Z$ 轴定位（图 8-56）。

视频：

使用 CNC 加工中心进行笔记本底座与上盖拆分件加工

图 8-55 清理笔记本上盖加工板材  图 8-56 安装刀具 $Z$ 轴定位

步骤 03：用 502 胶将板材固定在加工台面上（图 8-57）。

步骤 04：进行 CNC 加工（图 8-58）。

图 8-57 固定板材  图 8-58 进行 CNC 加工

步骤 05：加工完成，取下加工件（图 8-59）。

步骤 06：将加工件另一面固定在加工台面上（图 8-60）。

图 8-59 取下加工件  图 8-60 固定加工件另一面

步骤07：进行笔记本上盖背面加工（图 8-61）。

步骤08：取下加工件（图 8-62）。

图 8-61　加工上盖背面　　　　　　　　　图 8-62　取下加工件

步骤09：笔记本背面加工完成（图 8-63）。

步骤10：将板材固定在加工台面上（图 8-64）。

图 8-63　完成背面加工　　　　　　　　　图 8-64　固定板材

步骤11：根据加工要求安装刀具 Z 轴定位（图 8-65）。

步骤12：加工底座正面（图 8-66）。

图 8-65　安装刀具 Z 轴定位　　　　　　　图 8-66　加工底座正面

步骤 13：进行精细加工（图 8-67）。

步骤 14：取下加工件（图 8-68）。

图 8-67　精细加工　　　　　　　图 8-68　取下加工件

步骤 15：在加工面浇注石膏（图 8-69）。

步骤 16：清理定位槽（图 8-70）。

图 8-69　浇注石膏　　　　　　　图 8-70　清理定位槽

步骤 17：将加工件固定在加工台面上（图 8-71）。

步骤 18：进行底座背面 CNC 加工（图 8-72）。

图 8-71　固定加工件　　　　　　图 8-72　底座背面加工

步骤 19：取下加工件（图 8-73）。

步骤 20：笔记本底座 CNC 加工完成（图 8-74）。

图 8-73　取下加工件　　　　　　　图 8-74　底座 CNC 加工完成

步骤 21：进行笔记本按键的 CNC 加工（图 8-75）。

步骤 22：完成正面加工（图 8-76）。

图 8-75　加工按键　　　　　　　　图 8-76　完成正面加工

步骤 23：进行转轴 CNC 加工（图 8-77）。

步骤 24：完成转轴加工（图 8-78）。

图 8-77　进行转轴 CNC 加工　　　　图 8-78　完成转轴加工

步骤 25：笔记本侧面 USB 和 HDMI 接口盖板加工（图 8-79）。

步骤 26：加工完成（图 8-80）。

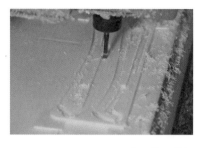 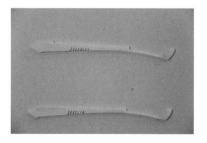

图 8-79　加工接口盖板　　　　　　图 8-80　加工完成

步骤 27：进行大旋钮 CNC 加工（图 8-81）。

步骤 28：加工完成（图 8-82）。

图 8-81　加工大旋钮　　　　　　图 8-82　加工完成

视频：

使用 CNC 加工中心进行
笔记本旋钮与散热拆分件
加工

步骤 29：进行扬声器拆分件加工（图 8-83）。

步骤 30：加工完成（图 8-84）。

 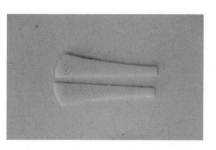

图 8-83　扬声器拆分件加工　　　　　　图 8-84　加工完成

步骤 31：笔记本 ABS 材质部分加工完成（图 8-85）。

步骤 32：进行亚克力材质的大旋钮开关键和摄像头加工（图 8-86）。

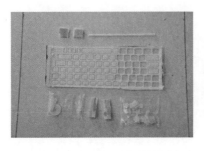 

图 8-85　笔记本 ABS 材料部分完成　　图 8-86　加工大旋钮开关键和摄像头

步骤 33：同时进行加水降温（图 8-87）。

步骤 34：加工完成（图 8-88）。

图 8-87　加水降温　　　　　　　　　图 8-88　加工完成

步骤 35：进行屏幕的 CNC 加工（图 8-89）。

步骤 36：加工完成（图 8-90）。

 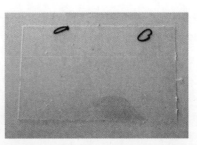

图 8-89　加工屏幕　　　　　　　　　图 8-90　加工完成

步骤 37：进行结构面板拆分件的 CNC 加工（图 8-91）。

步骤 38：加工完成（图 8-92）。

图 8-91　加工结构面板拆分件

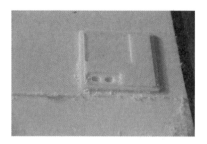

图 8-92　加工完成

### 4. 后期表面处理

步骤 01：用白电油清洗 USB 和 HDMI 接口的盖板（图 8-93）。

步骤 02：去除盖板的加工毛刺（图 8-94）。

视频：

使用砂纸和刮刀进行笔记
本底座加工件后期手工修
正与组装工作

图 8-93　白电油清洗盖板

图 8-94　去除毛刺

步骤 03：清洗其他拆分件（图 8-95）。

步骤 04：去除加工件毛刺（图 8-96）。

图 8-95　清洗其他拆分件

图 8-96　去除毛刺

步骤 05：用 502 胶将侧面拆分件与底座组装到一起（图 8-97）。

步骤 06：用 502 胶将扬声器组装到底座（图 8-98）。

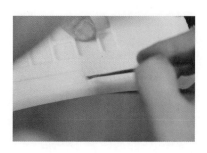

图 8-97　组装侧面拆分件与底座　　　　图 8-98　将扬声器组装到底座

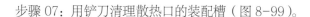

视频：

使用砂纸和刮刀进行笔记本上盖与键盘加工件后期手工修正与组装工作

步骤 07：用铲刀清理散热口的装配槽（图 8-99）。

步骤 08：将散热口的拆分件组装到底座（图 8-100）。

图 8-99　清理装配槽　　　图 8-100　将散热口的拆分件组装到底座

步骤 09：用 240 号砂纸进行底座整体修整（图 8-101）。

步骤 10：尝试组装转轴部分（图 8-102）。

图 8-101　底座整体修整　　　　　　图 8-102　组装转轴部分

步骤 11：制作金属转轴（图 8-103）。

步骤 12：将转轴与上盖组装好（图 8-104）。

图 8-103　制作金属转轴　　　　　　　图 8-104　组装转轴与上盖

步骤 13：喷涂薄底灰（图 8-105）。

步骤 14：用 400 号砂纸进行整体打磨（图 8-106）。

图 8-105　喷涂薄底灰　　　　　　　　图 8-106　整体打磨

步骤 15：用刮刀和铲刀修笔记本底座的细节（图 8-107）。

步骤 16：喷涂底灰（图 8-108）。

图 8-107　修底座细节　　　　　　　　图 8-108　喷涂底灰

步骤 17：用 800 号的砂纸打磨（图 8-109）。

步骤 18：其他部件打磨如下所述（图 8-110）。

图 8-109　砂线打磨　　　　　　　　图 8-110　打磨其他部件

视频：

借助 PANTONE 色卡调
漆喷涂表面处理效果

5. 喷涂、丝印与组装

步骤 01：喷涂白底（图 8-111）。

步骤 02：用刮刀处理边角处（图 8-112）。

图 8-111　喷涂白底　　　　　　　　图 8-112　处理边角处

步骤 03：用腻子进行修补（图 8-113）。

步骤 04：用 1000 号砂纸整体打磨修正（图 8-114）。

图 8-113　用腻子进行修补　　　　　图 8-114　整体打磨修正

步骤 05：喷涂油漆，光油（图 8-115）。

步骤 06：将按键大旋钮的表面处理效果喷漆（图 8-116）。

图 8-115　喷涂油漆，光油　　　　　图 8-116　按键大旋钮表面喷漆

步骤 07：在预制的键盘底座上粘贴双面胶（图 8-117）。

步骤 08：将按键固定在键盘底座上（图 8-118）。

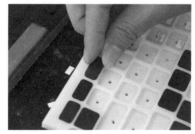

图 8-117　键盘底座粘双面胶　　　　图 8-118　按键固定在键盘底座上

步骤 09：固定网版（图 8-119）。

步骤 10：放置油墨，用网版刷过油墨（图 8-120）。

图 8-119　固定网版　　　　　　　图 8-120　用网版刷过油墨

视频：

借助 PANTONE 色卡
调油墨丝印拆分件并组装
笔记本

步骤 11：键盘的丝网印制作完成（图 8-121）。

步骤 12：制作大旋钮亚克力材质的丝网印（图 8-122）。

图 8-121　键盘丝网印制作完成　　图 8-122　制作大旋钮亚克力材质的丝网印

步骤 13：组装大旋钮（图 8-123）。

步骤 14：组装开关键和嵌件（图 8-124）。

图 8-123　组装大旋钮　　　　　　图 8-124　组装开关键和嵌件

步骤 15：组装按键（图 8-125）。

步骤 16：组装 USB 和 HDMI 接口的盖板（图 8-126）。

图 8-125　组装按键　　图 8-126　组装 USB 和 HDMI 接口的盖板

步骤 17：组装上盖和底座（图 8-127）。

步骤 18：笔记本手板模型制作完成（图 8-128）。

图 8-127　组装上盖和底座　　　图 8-128　笔记本手板模型制作完成

6. 成品展示

灯具手板模型制作效果如图 8-129 所示。

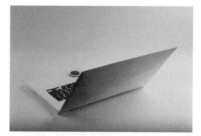
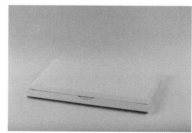

图 8-129　笔记本手板模型

## 8.5　考核与评分标准

1. 学习效果自测

（1）笔记本模型的加工部件可以归纳成几个部分？

笔记本由十个不同的部分组成，分别是底座、上盖、屏幕、摄像头、全键盘、开关键、大旋钮、侧面结构面板、散热面板和转轴等。

（2）笔记本模型共用到了几种集中材料加工？

两种材料，分别是 ABS 和亚克力。

（3）拆分部件时需要注意的事项。

不要在产品的受力部分进行拆分；不要影响到后期的外观效果；拆分好的部件间应该有装卡结构，以保证后续拼接。

（4）数控编程的步骤是什么？

将加工部件根据大小拼接在合适的原料上，指定刀具、转速、加工路径、加工厚度等参数，在软件上模拟加工，输出加工代码。

（5）反面加工时为什么要浇注石膏到正面？

因为加工反面时会产生热量、加工刀具也会使原料变形，影响加工精度，所以需要浇注石膏。

（6）手板后处理中粘接的方式主要采用哪种？

主要用 502 胶蘸牙粉进行粘接。

（7）手板后处理中常用到的工具有哪些？

砂纸、喷枪、什锦锉、磨光机、手钻等。

（8）喷涂的颜色应该如何确定？

在 CMF 图示文件中会标有产品表面的 PANTONE 色号，在调漆中根据 PANTONE 色号与参考的颜色比例进行确定。

（9）调漆的步骤有哪些？

首先按比例放置油漆，其次将稀释液放入油漆中进行稀释，将调制到的油漆刷在纸面上与 PANTONE 色卡进行对比，确认无误后再装入喷枪，试喷在色板上，再次确认后，喷涂完成。

（10）丝网印刷的步骤有哪些？

将产品固定在丝网印工作台上，将网版放置在产品要印刷的表面上，用刷子蘸油漆快速刷过，取下产品。

2. 模型制作评分标准（表 8-1）

表 8-1　综合手板模型设计与制作评分标准

| 序号 | 项目 | 内容描述与要求 | 分值 | 得分 |
|---|---|---|---|---|
| 1 | 模型制作 | 综合手板模型加工文件整理、前期分析与拆图 | 30 | |
| | | 综合手板模型后期手工处理、喷涂与丝印 | 30 | |
| 2 | 技术总结 | 加工流程记录完整 | 20 | |
| | | 加工要求记录详尽与规范 | | |
| | | 加工照片与素材清晰标准 | | |
| 3 | 职业态度 | 学习过程态度端正、工作规范、工作环境整洁 | 20 | |
| | | 学习过程出勤率高，按时完成作业 | | |
| 4 | | 总得分 | | |

国家职业教育艺术设计（工业设计）专业
教学资源库：产品模型设计课程导学

附图 1　国家职业教育艺术设计（工业设计）专业教学资源库网站

因篇幅所限，本书选择了 8 个有代表性的案例进行讲解。读者还可以通过国家职业教育艺术设计（工业设计）专业教学资源库网站（登录 www.icve.com.cn 首页—文化艺术大类—国家级资源库—艺术设计）学习更多的产品模型设计课程（附图 1）。目前，资源库设计实现能力课程板块共提供了 5 门课程、23 个模型制作案例可供学习使用。

视频：

国家级专业教学资源库产品模型设计课程导学与案例欣赏

# 一、石膏模型

## 1. 石膏单曲面形态模型制作

本项目主要学习：产品石膏模型制作所需各工具的用途和安全正确的应用方法、量具的正确使用方法和保养维护方法、刃具的使用、自制专用形态刃具的磨制方法、根据模型图纸制作 $R$ 曲线量规的技能方法、石膏材料的特性、制作石膏模型浇坯坯体、练习石膏模型坯体浇注的技能（附图 2）。

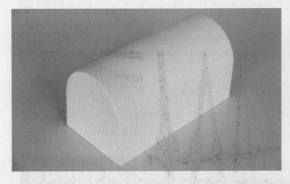

附图 2　石膏单曲面形态模型制作

附图 3　石膏双曲面形态模型制作

附图 4　石膏相机模型制作

### 2. 石膏双曲面形态模型制作

本项目主要学习：产品石膏模型制作中的形态形状和位置控制技能、双曲面的加工工艺技能、凹槽加工工艺技能（附图 3）。

### 3. 石膏相机模型制作

本项目主要学习：较为复杂形态产品石膏模型制作的形状和位置加工控制技能、内凹凸弧曲面的加工工艺技能、各种形态相互关系处理加工工艺技能（附图 4）。

附图 5　手工 ABS 平面异体配合模型制作

## 二、ABS 模型

### 1. 手工 ABS 平面异体配合模型制作

本项目主要学习：掌握产品塑料模型制作的基本情况、工序和技能（附图 5）。

### 2. 手工 ABS 曲面异体配合模型制作

本项目主要学习：塑料模型的曲面热压成型模具加工、曲弧面的热压成型工艺技术和模型整体与零部件配合加工工艺步骤技术（附图 6）。

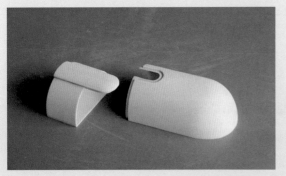

附图 6　手工 ABS 曲面异体配合模型制作

### 3. 手工塑料电话机模型制作

本项目主要学习：样机模型部件曲面热压成型模具设计加工、样机零部件加工工艺技术、样机模型表面喷涂装饰工艺技能（附图7）。

## 三、木工与玻璃钢模型

### 1. 木质家用器皿模型制作

本项目主要学习：普通木工车床的操作方法和木工加工工艺的一般流程（附图8）。

### 2. 木质高脚凳模型制作

本项目主要学习：通过对三腿斜榫圆凳的制作，完成图纸到实物的具体制作过程。训练开料、拼板、榫眼匹配等实际问题。通过运用卡尺、角尺、制作二级工具等方式配合手动和电动工具解决对凳子各个部件的加工中的加工精度问题（附图9）。

### 3. 玻璃钢玩偶模型制作

本项目主要学习：玻璃钢模型制作的一般的加工工序，了解并掌握制作玻璃钢模型工具的使用技巧（附图10）。

附图7　手工塑料电话机模型制作

附图8　木质家用器皿模型制作

附图9　木质高脚凳模型制作

附图10　玻璃钢玩偶模型制作

## 四、油泥模型

### 1. 油泥模型方块体制作

本项目主要学习：如何运用油泥材料制作模型，如何使用油泥工具，并能区分油泥模型不同制作阶段使用的工具，学会如何评价油泥模型制作的优劣（附图 11）。

附图 11 油泥模型方块体制作

### 2. 油泥模型圆柱体制作

本项目主要学习：油泥在塑形应用上的各种特性、油泥工具基本使用技巧、空间中线投影的实作技巧、检具的使用观念及实用技巧（附图 12）。

附图 12 油泥模型圆柱体制作

### 3. 油泥模型旋转体制作

本项目主要学习：学会如何掌握面的精准度、尺寸的把握、曲面的测量（附图 13）。

### 4. 工具箱制作

本项目主要学习：如何运用木材制作模型应用简单的结构原理，如何使用电动工具，各种工具的综合应用，学会如何掌握木材和工具的使用对数据尺寸的把握（附图 14）。

附图 13 油泥模型旋转体制作

附图 14 工具箱制作

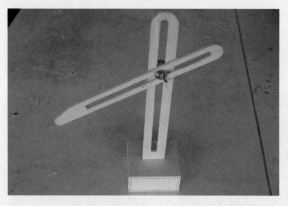

附图 15　画线仪制作

附图 16　油泥模型 speedform 制作

### 5. 画线仪制作

本项目主要学习：如何运用 ABS 材料制作模型和工具特性。如何使用工具和初级打磨技巧。学会如何掌握硬模型制作、尺寸的把握（附图 15）。

### 6. 油泥模型 speedform 制作

本项目主要学习：通过本项目学习油泥模型设计与制作流程，能够让大家掌握平面输出、空间定位、实体塑造、空间测量、模型细修、模型涂装、模型修饰等能力，以达到基本掌握油泥模型设计与制作技术要求（附图 16）。

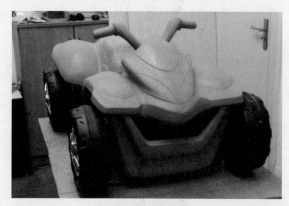

附图 17　儿童玩具车油泥模型制作

### 7. 儿童玩具车油泥模型制作

本项目主要学习：通过本项目的学习掌握儿童玩具车油泥模型制作的行业标准流程，为将来从事复杂曲面的模型制作行业打下坚实的基础（附图 17）。

附图 18　摩托车油泥模型制作

### 8. 摩托车油泥模型制作

本项目主要学习：通过本项目的学习掌握汽车油泥模型制作的行业标准流程，为将来从事复杂曲面的模型制作行业打下坚实的基础（附图 18）。

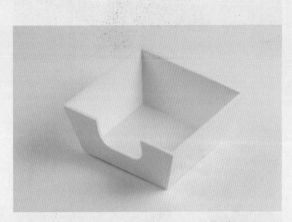

附图 19　便笺盒手板模型制作

附图 20　灯具手板模型制作

# 五、手板模型

## 1. 便笺盒手板模型制作

本项目主要学习：通过一个便笺盒案例对手板模型的加工工艺以及流程进行学习（附图 19）。

## 2. 灯具手板模型制作

本项目主要学习：掌握潘通色卡的使用、多种材质模型的加工要求，曲面形态模型的分析拆分要领、后期表面处理与喷漆等的制作要领等（附图 20）。

## 3. 音箱手板模型制作

本项目主要学习：潘通色卡的使用、多种材质模型的加工要求，曲面形态模型的分析拆分要领、后期表面处理与喷漆等的制作要领等（附图 21）。

## 4. 闹钟手板模型制作

本项目主要学习：潘通色卡的使用、丝网印加工文件的整理，多种材质模型的加工要求，模型的分析拆分要领、后期表面处理、喷漆与丝网印刷等的制作要领等（附图 22）。

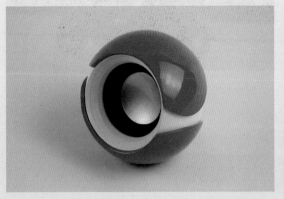

附图 21　音箱手板模型制作

附图 22　闹钟手板模型制作

### 5. 调味瓶手板模型制作

本项目主要学习：潘通色卡的使用、多种材质模型的加工要求，模型的分析拆分要领、亚克力材质后期表面处理、硅胶件真空覆膜技术等的制作要领等（附图 23）。

### 6. 笔记本手板模型制作

本项目主要学习：全面综合运用学习到的手板模型的加工流程与方法，重点掌握丝网印文件的制作，复杂结构部件模型的拆分要领、有旋转机构部件的模型后期处理要求，ABS 与亚力克部件的表面处理方法等（附图 24）。

附图 23　调味瓶手板模型制作　　　　　　　　　　　　附图 24　笔记本手板模型制作

# 参考文献

［1］ 兰玉琪. 产品设计模型制作与工艺［M］. 北京：清华大学出版社，2018.

［2］ 李红玉，刘秋云. 模型制作——产品设计手板案例［M］. 北京：清华大学出版社，2015.

［3］ 黎恢来. 产品结构设计实例教程［M］. 北京：电子工业出版社，2013.

［4］ 李明辉. 产品设计模型制作［M］. 北京：中国铁道出版社，2014.

［5］ 杜海滨，胡海权. 工业设计模型制作［M］. 北京：中国水利水电出版社，2012.

［6］ 陈璐. 模型制作技巧与禁忌［M］. 北京：机械工业出版社，2011.

［7］ 周玲. 产品模型制作［M］. 3 版. 长沙：湖南大学出版社，2019.

［8］ 江湘芸. 产品模型制作［M］. 北京：北京理工大学出版社，2010.

［9］ 刘墨，章文. 产品模型制作［M］. 青岛：中国海洋大学出版社，2019.

［10］ 谢大康. 产品模型制作［M］. 北京：化学工业出版社，2010.

［11］ 闫卫. 工业设计师必备的基本技能［M］. 北京：机械工业出版社，2009.

［12］ 潘荣，高筠，梁学勇. 设计·触摸·体验 产品设计模型制作基础［M］. 2 版. 北京：中国建筑工业出版社，2009.

［13］ 周玲. 模型制作［M］. 长沙：湖南大学出版社，2010.

［14］ 杨熊炎，苏凤秀. 产品模型制作与应用［M］. 西安：西安电子科技大学出版社，2018.

［15］ 彭泽湘. 产品模型设计［M］. 长沙：湖南大学出版社，2009.

［16］ 姜霖，顾秋健. 小家电产品设计典型实例［M］. 南京：江苏科学技术出版社，2010.

［17］ 丁伟，张帆. 360°看设计：设计师的成长路径［M］. 北京：机械工业出版社，2010.

［18］ 李汾娟，李程. Creo 3.0 项目教程［M］. 北京：机械工业出版社，2017.

［19］ 李程，李汾娟. 产品设计手板模型制作案例解析［M］. 北京：机械工业出版社，2020.

［20］ 李程. 产品设计方法与案例解析［M］. 2 版. 北京：北京理工大学出版社，2020.

［21］ 李程，廖水德. 工业设计专业校企合作手板模型课程的改革与实践［J］. 装饰，2013（06）：106-107.

［22］ 李程. 校企联合培养手板模型人才的实践研究［J］. 设计，2012（10）：194-195.

**图书在版编目（CIP）数据**

产品模型设计与制作 / 李程，曹一华主编. — 北京：
高等教育出版社，2022.8
ISBN 978-7-04-058617-6

Ⅰ. ①产… Ⅱ. ①李… ②曹… Ⅲ. ①产品模型-设
计-高等职业教育-教材②产品模型-制作-高等职业教
育-教材 Ⅳ. ①TB476

中国版本图书馆CIP数据核字(2022)第071661号

责任编辑：陈仁杰

高等教育出版社　高等职业教育出版事业部　综合分社
地　　址：北京朝阳区惠新东街4号富盛大厦1座19层
邮　　编：100029
联系电话：010-58581481　　　　传真：010-58556017
E-mail：782284592@qq.com　　　QQ：782284592
艺术设计专业QQ群：459872533

CHANPIN MOXING SHEJI YU ZHIZUO

反盗版举报电话
（010）58581999　58582371　58582488

反盗版举报传真
（010）82086060

反盗版举报邮箱
dd@hep.com.cn

通信地址
北京市西城区德外大街4号
高等教育出版社法律事务与版权管理部

邮政编码
100120

策划编辑
陈仁杰

责任编辑
陈仁杰

书籍设计
王　琰

责任绘图
杜晓丹

责任校对
吕红颖

责任印制
赵　振

出版发行　高等教育出版社
社　　址　北京市西城区德外大街4号
邮政编码　100120
购书热线　010-58581118
咨询电话　400-810-0598
网　　址　http://www.hep.edu.cn
　　　　　http://www.hep.com.cn
网上订购　http://www.hepmall.com.cn
　　　　　http://www.hepmall.com
　　　　　http://www.hepmall.cn

印　　刷　天津嘉恒印务有限公司
开　　本　850mm×1168mm　1/16
印　　张　16.5
字　　数　340千字
版　　次　2022年8月第1版
印　　次　2022年8月第1次印刷
定　　价　47.80元

本书如有缺页、倒页、脱页等质量问题，
请到所购图书销售部门联系调换。

版权所有　侵权必究
物　料　号　58617-00